EXPERIENCE-BASED COMMERCIAL SPACE

体验式商业空间

1

金盘地产传媒有限公司 策划
广州市唐艺文化传播有限公司 编著

中国林业出版社
China Forestry Publishing House

图书在版编目（CIP）数据

体验式商业空间 / 广州市唐艺文化传播有限公司编著.
-- 北京 : 中国林业出版社, 2017.1
ISBN 978-7-5038-8759-8

Ⅰ. ①体… Ⅱ. ①广… Ⅲ. ①商业建筑—室内装饰设计 Ⅳ. ①TU247

中国版本图书馆CIP数据核字(2016)第259044号

体验式商业空间 1

编　　著：广州市唐艺文化传播有限公司
责任编辑：纪　亮　王思源
策划编辑：高雪梅
文字编辑：高雪梅
装帧设计：刘小川

出版发行：中国林业出版社
出版社地址：北京西城区德内大街刘海胡同7号，邮编：100009
出版社网址：http://lycb.forestry.gov.cn/
经　　销：全国新华书店
印　　刷：恒美印务（广州）有限公司
开　　本：245mm x 325mm
印　　张：50
版　　次：2017年1月第1版
印　　次：2017年1月第1版
标准书号：978-7-5038-8759-8
定　　价：748.00元（精）

图书如有印装质量问题，可随时向印刷厂调换（电话：020-84981812）

以体验之名

商业空间是公众进行购物消费的空间，其发展随着市场的日益完善而变化。目前的商业活动已不能等同于一种纯粹性的购买活动，而是一种集购物、休闲、娱乐及社交为一体的综合性活动。它反映的是顾客综合性的需求，这种需求在设计上的表现，则要求设计师创造一个更具体验感的空间，能够照顾人们多方面的感受，使其享受最完美的服务。

人们主要通过眼、耳、鼻、舌、身、心等获得多种体验和感受，当你照顾到的体验越丰富，顾客就越容易被打动。就像电影导演通过营造和圈定一种情感意境和氛围，完成对观众的情感“诱惑”，设计师通过体验感的营造来吸引消费者，增强其消费欲望。

不同的空间设计重点带来不同的体验感。比如突破性的造型可以为人们带来新鲜甚至是刺激的视觉体验。而空间中美学和声学效应的运用可使一些空间的视听效果达到最佳。这些体验感的实现往往是一些娱乐性质的场所。

流畅的动线和清晰的功能布局为人们营造更加舒适的环境，使人们的身体在此空间进行的活动更加方便快捷，一些大型的商业空间设计强调的正是这种体验感。

而空间光影、色彩的运用，装饰元素的添加，可以营造出不同风格和氛围的环境，这会直接影响人的思想波动和心理的变化。人们可以在会所或者餐饮空间获得这类的体验。

由此也可以发现，同一类型的空间往往在体验感的营造上有其共通之处，因此我们将项目分成八大类：餐饮、娱乐、会所、零售、售楼部、新兴业态、银行、大型综合商业，分别阐述不同类型空间的设计重点以及其对某种体验感的呼应。每个分类的项目实例都是近一两年来涌现的最优秀的设计作品，它们不仅有着强烈的个性和独特的风格，还能够将独特的体验感完美地融入到空间的设计中，为读者提供更具价值的启发。

作为年度商业空间设计的重磅图书，本书不再局限于简单呈现空间形态的设计，对于项目的VI、SI系统也有所表现，力求完整地呈现商业空间的一体化设计过程，帮助设计师获得更深层次的认识，在参考借鉴中取得更多的突破！

目录

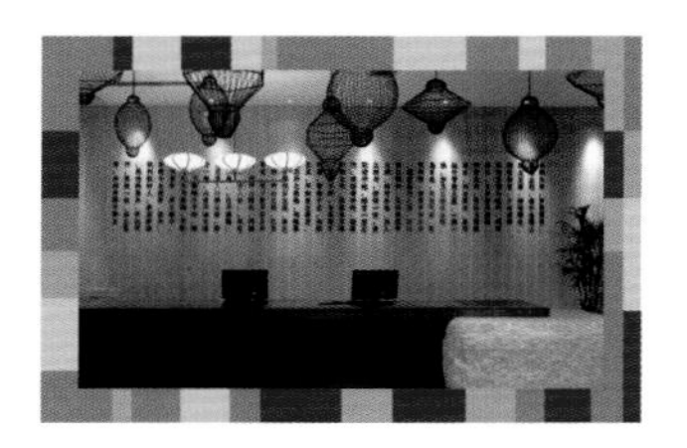

餐饮

娱乐

新兴业态

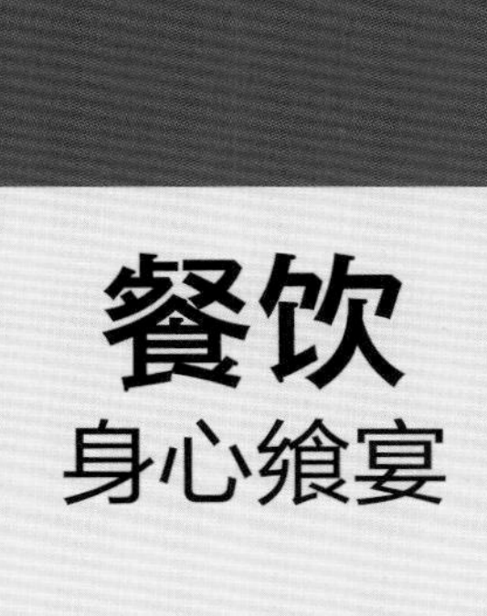

餐饮

身心飨宴

餐饮空间是人们进行用餐、会晤交流等休闲活动的场所，主要包括餐厅、饭店、宴会厅、酒吧、咖啡厅、茶座等。

现代生活发展水平有所提高，大众品味也随之提升，人们在享受美味的同时，更注重对空间与服务的体验感。设计师通过便利的功能分区、风格定义、照明色彩、装饰陈设等，营造一个独具个性化的餐饮空间氛围，带给食客从舌尖到心灵的独特盛宴。其中风格的定义是整体空间设计中的灵魂，能起到响应主题、吸引食客、增强食欲等作用。另一重要原则，则是通过色彩与照明的相互对比运用，改变室内气氛，增加空间感，削弱室内原有缺陷。通过对空间的塑造，满足食客对食物以外的感官追求，品味另一场精神饕餮。

品牌定位：项目品牌创立人希望设计师能将日本禅意与中国江南水乡的概念相结合，设计一个让顾客享用美食之余又能感受到中日文化氛围的舒适空间。因此，整体空间的设计运用现代简约抽象的手法演绎中日传统建筑的基本框架结构。品牌Logo的设计理念则来自该店独具特色的日本备长炭、新鲜食材以及员工的顶级专业服务。

水乡禅味

上海烧肉达人天钥桥店

项目地点：上海
项目面积：300 平方米
设计单位：古鲁奇公司
主要材料：木炭、花岗岩、鹅卵石、钢管、水泥

供　稿：古鲁奇公司
摄　影：孙翔宇
采　编：田园

项目运用现代的手法演绎日本传统建筑的基本框架结构，大量地木框架朴实表现了建筑结构美学。另外用水墨方式呈现江南水乡中国建筑屋脊的曲线，藉此强调了这种曲线之美所呈现的出人意料的简单和自然。整体的设计简约而富有质感，不仅为顾客带来完美的就餐氛围，也创造了全新而独特的生活方式。

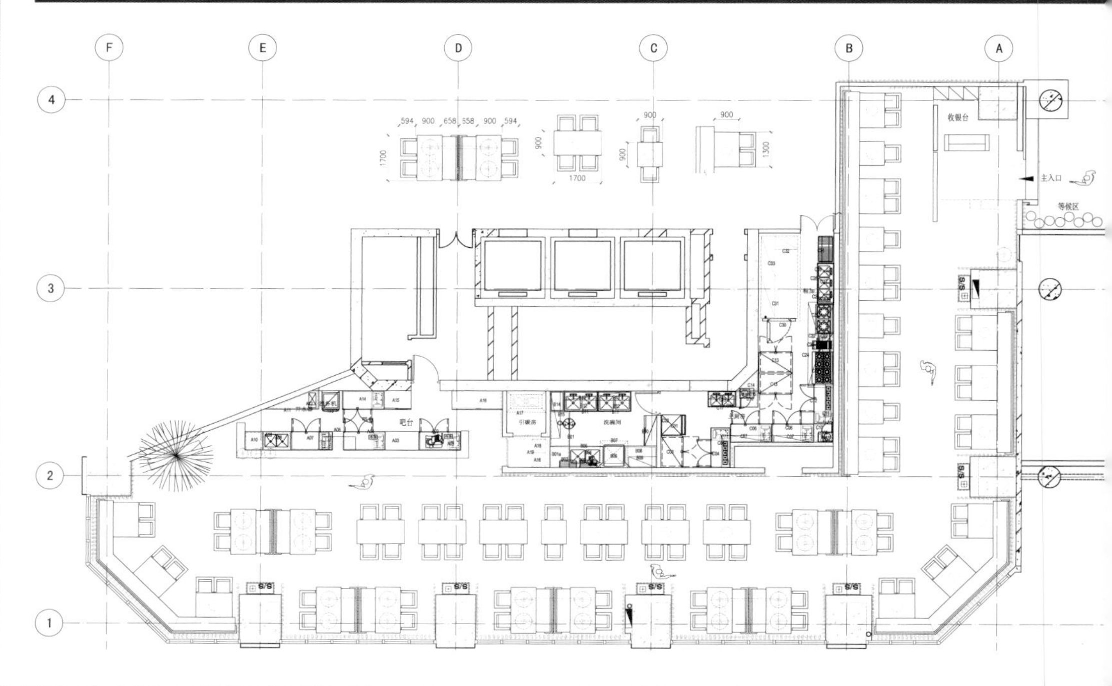

布局自然

项目在餐厅的入口处，设置了一面排列整齐的日本烧烤碳墙面。设计师巧妙地用这面碳墙隔开了内部的用餐区和外部的收银区，实用与装饰效果兼备。餐厅可容纳130个座位，公共用餐区呈L型，两侧的木格墙融合了日本传统建筑的木框架结构和中式木质古建筑的卯榫结构，展现了建筑结构美学，木格屏风对临窗座位还起到隔断和统一的作用。

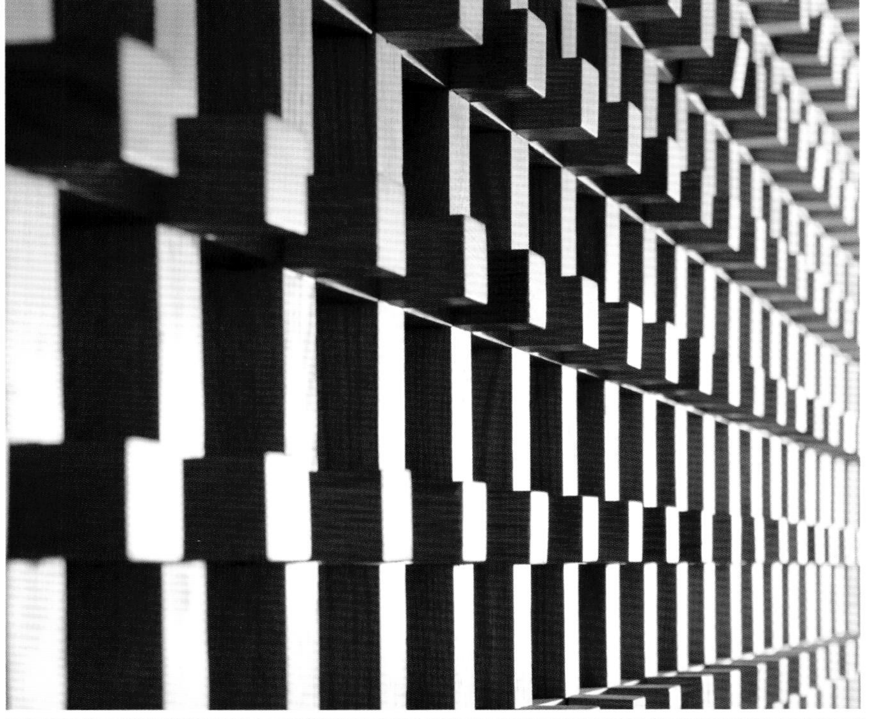

传统材质与装饰

吧台后方的大型黑白壁画以水墨方式呈现江南水乡中国建筑屋脊的弧形轮廓，屋瓦依着梁架迭层加高，展示了经典中式屋顶柔美的弧形轮廓和简单自然的韵味。为了让空间拥有粗糙自然且富有水乡韵味的设计风格，设计师用水泥浇注吧台，让吧台和天花裸坯与其下方的黑色不规则矩形钢架、花岗岩桌面形成视觉联系。

另外，为餐厅度身设计的半月形吊灯象征着传统的中式小船，灵动的小船吊灯也与白色立方体灯笼形成视觉对比。地板上的矩形框内精细地铺满了鹅卵石，这些看似随意的矩形“补丁”使空间像充满禅意的中式园林。

炙
烧肉达人
Yakiniku Master Restaurant

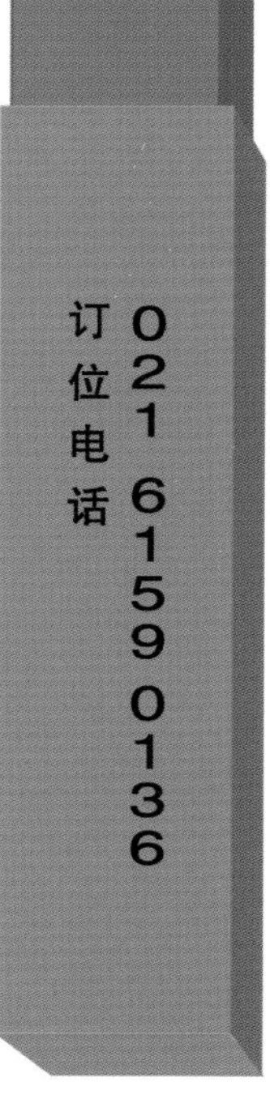
订位电话
021 6159 0136

炙 烧肉达人
Yakiniku Master Restaurant

订位电话
021 6159 0136

炙
烧肉达人
Yakiniku Master Restaurant

订位电话
021 6159 0136

幸 福 优 质 的 好 味 道
炙 烧肉达人
Yakiniku Master Restaurant

幸 福 优 质 的 好 味 道
炙 烧肉达人
Yakiniku Master Restaurant

炙
烧肉达人
Yakiniku Master Restaurant

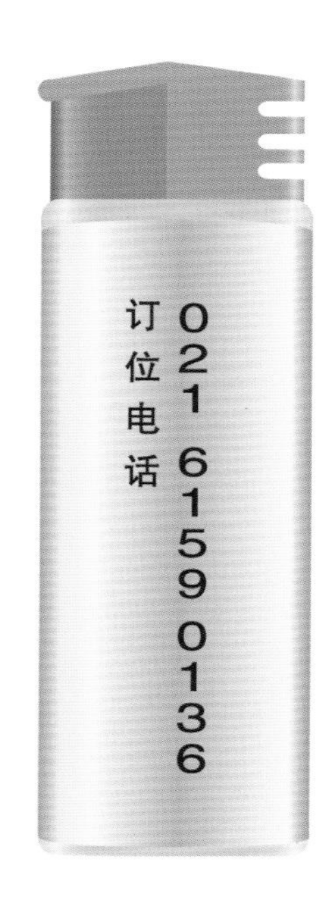
订位电话
021 6159 0136

炙 烧肉达人
Yakiniku Master Restaurant

局部放大

银色

炙 烧肉达人
Yakiniku Master Restaurant

局部放大

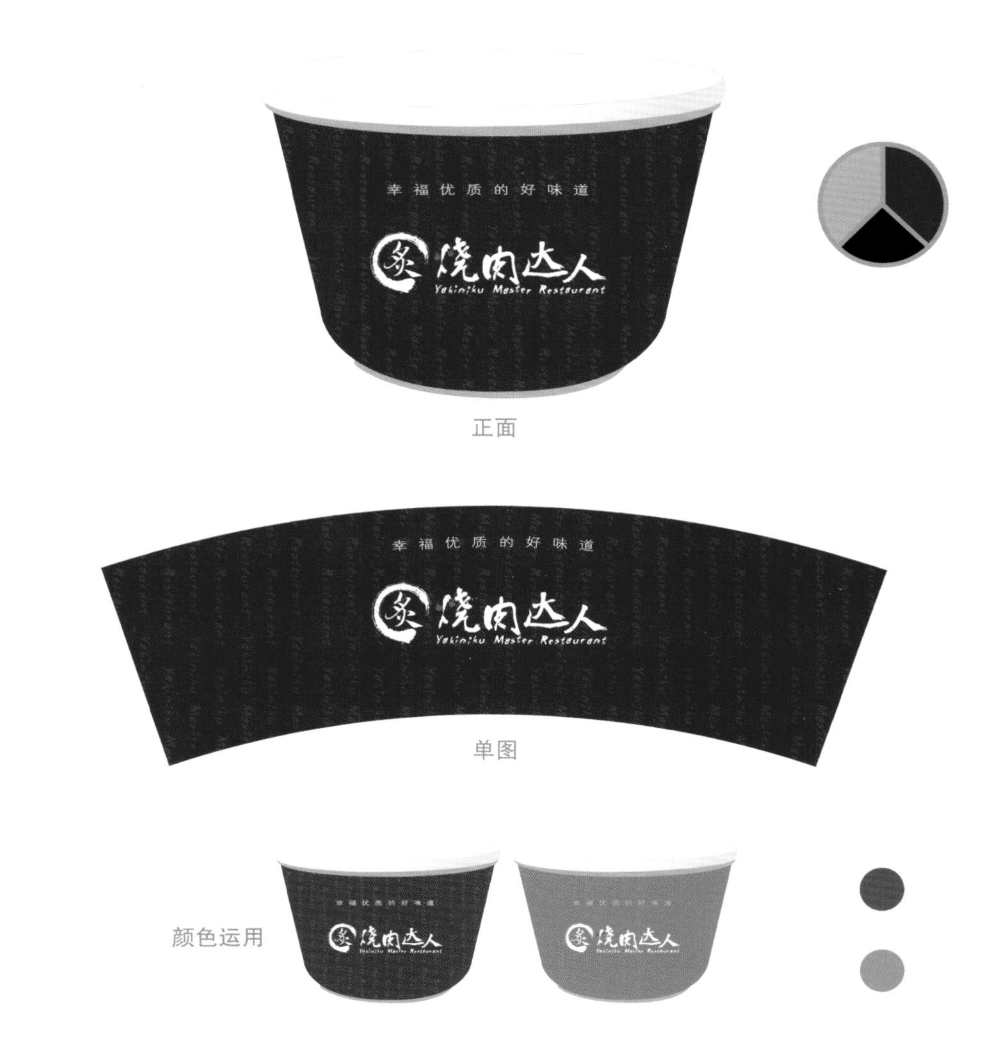

局部放大

局部放大

简约VI设计

整套系统的设计与空间简约而不简单的原则相一致，同时将一些具有日本风格的元素融入设计中。Logo的设计理念就与日本备长炭有关。员工的制服简洁大方，厨师制服主要为银色和白色，与空间和谐统一。其他如菜单、手提袋、餐盒等的设计，则在颜色上稍加丰富，唤起人们对食物的欲望。

新徽派风情

合肥祥和百年酒店餐厅

项目地点：安徽合肥
项目面积：1 600 平方米
设计单位：合肥许建国建筑室内装饰设计有限公司
主要材料：水曲柳木饰面、芝麻灰花岗岩、小青砖、仿古地砖

供　稿：合肥许建国建筑室内装饰设计有限公司
摄　影：吴辉
采　编：陈惠慧

项目定位于新中式风格，是徽派文化与中式文化的完美结合，设计运用了多种表现形式，并借用《兰亭序》，表现了本案的设计意境。外立面采用中式园林的手法，入口则用了照壁的方式，将曲径通幽、移步换景的意境表达了出来，令食客享受一个诗情画意的用餐空间。

品牌定位：项目是合肥祥和百年酒店中的餐厅，祥和百年酒店主要从事集餐饮、客房、会议等于一体的大型综合性酒店。酒店装修风格独特，汇集中、西方文化精髓。餐厅有多个风格各异、雍容大气的宴会包厢，并配有精致、典雅的中西式菜系，为食客带来视觉盛宴、味觉饕餮。

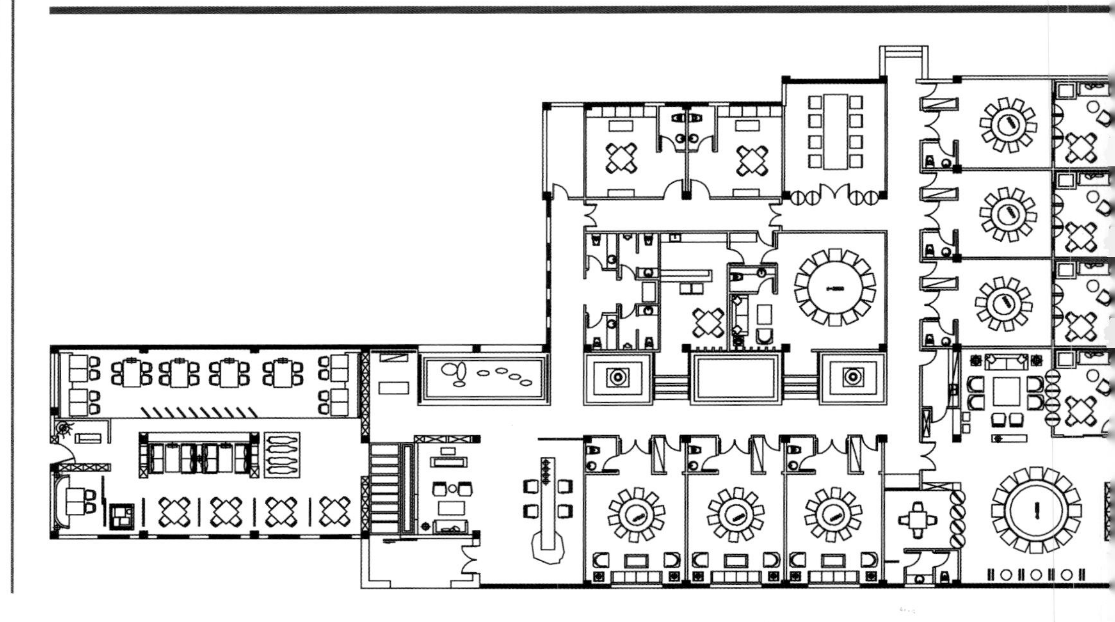

风情包厢

项目位于安徽省合肥市，入口采用照壁的方式，生动地运用“女子十二乐坊”的元素，将曲径通幽、移步换景的意境表达了出来。餐厅有多个风格各异的宴会包厢，在部分包厢设计当中，就餐区与休息区合理分开，休息区设有很高的天井，此环境适合顾客畅所欲言，进行商务交流与休闲娱乐活动。

餐 厅

丝竹管弦之盛，一觞一
咏，亦足以畅叙幽情。
是日也，天朗气清，惠
风和畅，仰观宇宙之大
，俯察品类之盛，所以
游目骋怀，足以极视听
之娱，信可乐也。夫人
之相与，俯仰一世，或
取诸怀抱，晤言一室之
内；或因寄所托，放浪
形骸之外。虽取舍万殊
躁不同，当其欣于
所遇，暂得于己，快然
自足，不知老之将至。
其所之既倦，情随事
慨系之矣。向之
欣，俯仰之间，已为
陈迹，犹不能不以之兴
况修短随化，终期
古人云：“死生
矣。”岂不痛哉！
览昔人兴感之由，若
合一契，未尝不临文嗟
，不能喻之于怀。固
死生为虚诞，齐彭
为妄作。后之视今，
亦犹今之视昔。悲夫！
故列叙时人，录其所述
，虽世殊事异，所以兴
怀，其致一也。后之览
者，亦将有感于斯文。

永和九年，岁在癸丑

新中式风格

设计师立足中国本土文化，把徽派文化与中式文化完美地结合起来，运用了多种表现形式，并借用《兰亭序》，表现了本案的设计意境。外立面采用中式园林的手法，给人眼前一亮的感觉，整体处理得大气，室内也控制得很得当，整体的节奏以及材料和色彩都把握得很到位，照壁上“女子十二乐坊”的元素运用得恰当而生动。

新中式简约风格在设计中穿插运用，呈现一种兼容并蓄的美。通过把所谓古典语汇几何化、图像化、对比化、节奏化等方式转化。在线条上化“繁”为“简”；在色调上，讲究稳重而贵气的单一色彩；在空间语言传播上，主张厚重、庄严、质感与奢华，打造一个诗情画意的用餐空间。

888

品牌定位：广州市炳胜饮食集团，成立于1996年8月8日，是广州餐饮业独具传奇色彩的一面旗帜。其市场定位准确，秉承“以客为本”的经营理念，让宾客以适中的价格享受到超值的菜式和服务。炳胜的消费群体非常广泛，无论从大型的喜庆筵席到高档的商业宴客，还是实惠的公司和家庭聚餐，不同的宾客都能得到满意的个性化消费服务。

本土情怀

广州炳胜餐厅

项目地点：广东广州
项目面积：13 000 平方米

主要材料：红砖、木摆饰、西关的趟拢
采　　编：谢雪婷

项目强调和使用西关民间建筑中装饰丰富的元素和符号，如红砖、木摆饰、西关的趟拢等，并运用简练的设计语言勾画出一个既充满时代气息又处处散发出浓郁西关文化的餐饮空间，这既是本土文化内涵的一种的体现，也是人们对过去历史的一种追溯。

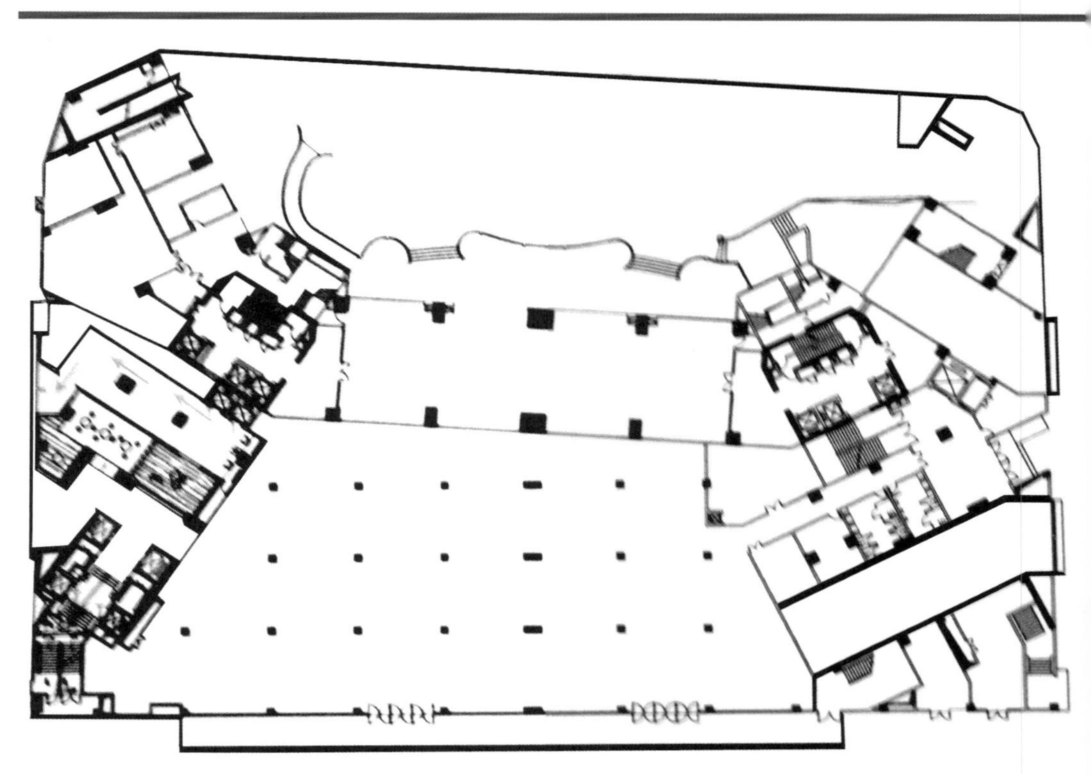

空间设计

项目位于广东广州，楼层有六米高，面临挑战是在原来一百多个餐位的基础之上改造成拥有一千八百个座位的餐厅，空间的跳跃性非常大。进去餐厅，在室内会有空荡的感觉，但同时也提供最好的空间条件。六米高的天花，中间做了一个夹层，让立面有丰富的层次感。同时，通过合理的平面布局及灯光设计，让就餐的客人一下子就有种回家的感觉。在装饰材料上选择了具有浓重的本土味道与家庭味道的材料，比如手绘国画、西关的趟拢、古玩店收集的木雕刻等。

西关符号

设计师根据餐厅的定位、食物的卖点、消费群的调查、餐厅店面设计的延续性等问题，把项目定位于以粤菜出品为背景的餐厅。因此，设计师选择以西关这样的本土地域文化特色作为最主要的设计元素，运用创新的表达方式把陈旧的建筑和西关元素搬进餐厅，营造一个新潮的、独具岭南品位的餐饮空间。岭南元素是广州最传统的设计符号，设计整合了西关图腾和文化符号，保留了大面积的清水墙，选用造价不高的红砖和最具西关特色的趟门，让客人都能很自然地领略到浓浓的地域文化和地域特色，感受到优雅的用餐氛围。

心想事成財源廣

439
435

品味

品味
一品粤菜味
SUPERB CANTON DELICACY

味境交融

苏州渔家庄

项目地点：江苏苏州太仓市
项目面积：260平方米
设计单位：苏州绿松石空间设计
设 计 师：官艺

主要材料：美岩水泥板、木纹水泥板、灰木纹石、艺术手工地板、不锈钢、雪弗板、秸秆墙纸
供　　稿：苏州绿松石空间设计
采　　编：谢雪婷

整个空间创造了一种安静平和的氛围，让人们在优雅的环境氛围中品味美食。空间的艺术装饰具有明确的主题概念，通过各种元素的拼接，打造出独属于自己的传统意蕴和个性。美味本帮菜的细腻与素雅空间的精致相得益彰，是造味与造境糅合之后的浑然天成。

品牌定位：这是位于江苏省太仓市的一处中餐厅，规模不大，但玲珑有致，在当地也算小有名气。设计师之前也曾为这家特色小馆设计，此次的设计是在原有400多平米的老店基础上进行面积缩减，并重新换装。而控制预算和打造出高品质的空间是此次设计的重点，同时和店名以及特色菜有关，设计中加入大量鱼和莲的元素。

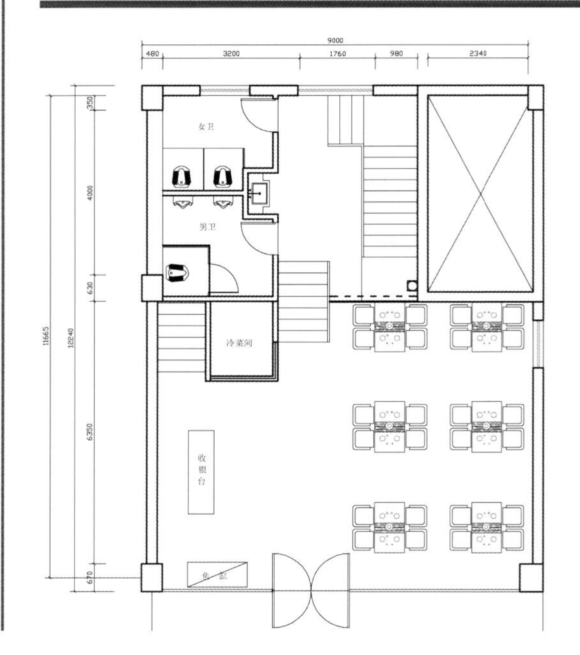

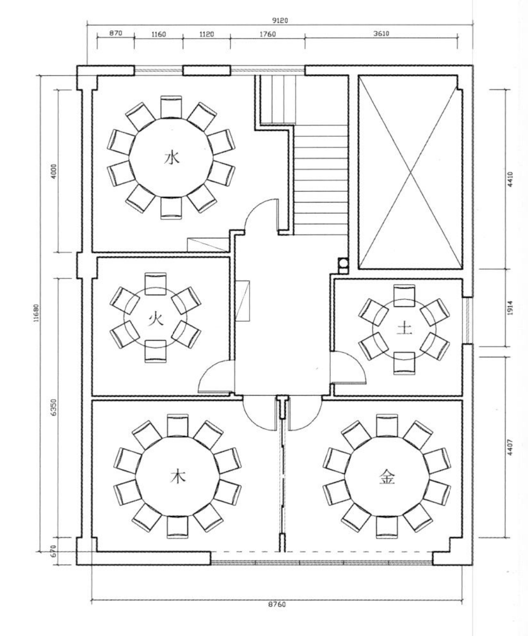

渔

古雅布局

项目位于江苏太仓这个扬子江畔的鱼米之乡，自古便与粮谷美食有着不解之缘。空间总共分二层，入口处设二十落座，鱼莲相依；二楼根据“金、木、水、火、土”五行设包厢兼顾私密与尊贵的氛围。整体布局上呼应空间古雅的气韵。

主题概念装饰

美岩水泥板为空间定下了极简洗练的基调，并强化其质感与肌理的对比关系。大面积的灰色也为空间中丰富的配饰提供了一个可融合的基底。

在墙面的配饰上，设计师明确了概念：用与包厢主题“金、木、水、火、土”相呼应的装置性配饰来完成。围绕这五个主题概念的家具与陈设，包括有工厂定制、手工制作等多种元素拼接，如定制的水晶飞鱼吊灯、景德镇窑变工艺手工陶瓷手盆、为了达到传统意蕴自己泼墨而成的楼梯间灯饰等等，空间中的每一个物件都充满了个性特色，并且成功控制在极低的成本里，是权衡美感与开支之后的“最合适”的方案。

渔家庄
13773011757

品牌定位：“轻井泽”为台湾顶级的餐饮空间，最适合商务人士和家庭聚餐。店内顶尖的设计风格，在台湾也是妇孺皆知，致力于营造舒适的环境来与美食搭配。新近完成的公益店，不仅拥有静谧禅韵，更有一份源自悠远中国的人文深度。店铺的招牌是台湾书法名家李峰写的三个白色大字，夜间在灯光的衬托下，视觉张力显得格外鲜明。

简约禅意
台中轻井泽公益店

项目地点：台湾台中
项目面积：1 117.3 平方米
设计单位：周易设计工作室
主要材料：铁件、铝格栅、文化石、铁刀木、南非花梨木、玻璃

供　稿：周易设计工作室
摄　影：吕国企
采　编：谢雪婷

项目在追求禅意氛围的基础上，增加了更多的人文深度。不仅在建筑外观上追求古朴的禅风，内部空间更是着意营造水墨画般的意境。古玩书柜、木格栅、盆栽植物、水景设计在光影的作用下显得极具现代美感，为顾客打造了一个舒适且具有深度享受的用餐环境。

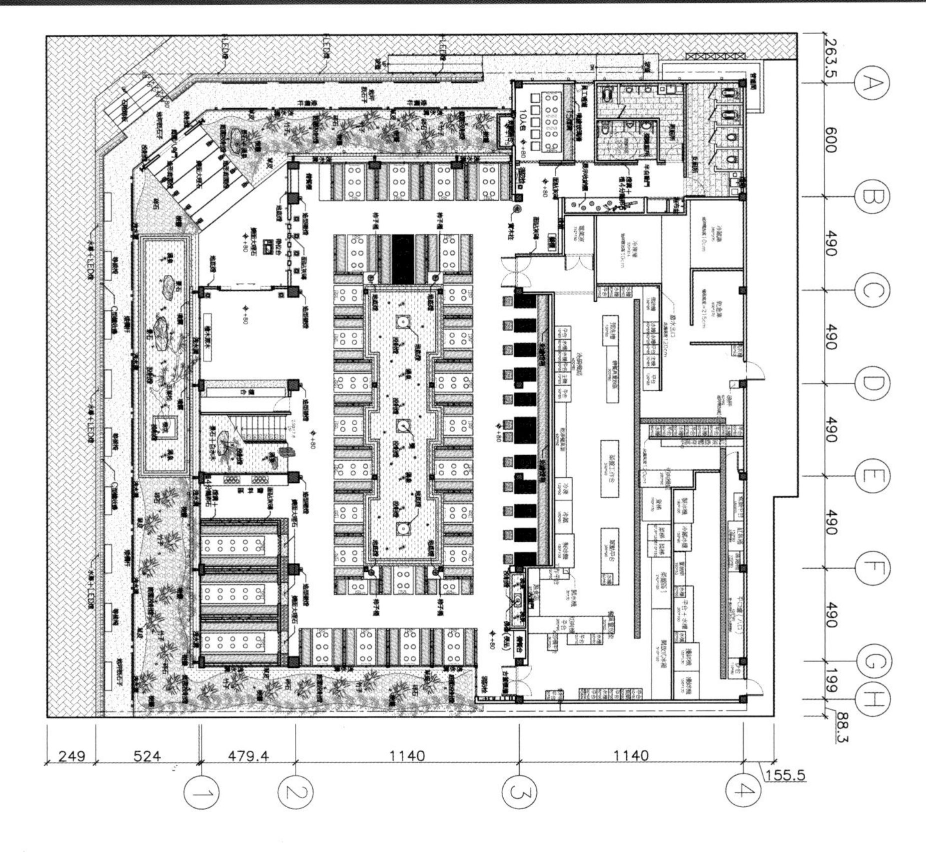

古朴特色外观

项目延续古朴宏伟的建筑特色，受所处地势的影响，有着独特的三面黑灰色建筑外观。基座的外缘为兼具等待区机能的木栈景观步道，步道与建筑物之间规划镜面水景，点缀嶙峋的巴东石、烛台灯和蒸腾水雾，并贴心设置别致长凳可供来客小憩。

静定稳重的建筑主体采用古色古香的斑驳灰砖砌作，两侧立面分别装置大小交错衔接的黑色格栅以及纤长的直列开窗，融入简化后的格栅线条。低调的禅风加上现代感的技巧绘景，使建筑兼具水墨与和风的美感，散发醇香的人文风味。

魁選

情境布局

入口大门延续外廓的六角门拱，淡雅的苏州庭园意象隐约生成。内部分别为四米、三米的二层楼面，分别规划包厢与散座，总计400余的座位，可以有效避免人声杂沓、相互干扰，维持私密又有情调的用餐氛围。

内部空间设定大量实木格栅与情境光源，视觉上融入处处可见的古玩书柜墙、大红色喜气洋洋的鸟笼灯饰、形成空间天井并串连上下两个楼层的水景设计，处处皆有景。多处墙面装置运用渐层玻璃与喷绘手法，透过晕染酝酿独特的“光迷幻”效果，柔软而忠实地传达水墨书法与人文书香。整体以层次万千的情境铺陈与灯光布局，透过多种自然材质与高难度工法，精致的呈现带来更具深度的享受。

品牌定位：成都新蜀九香餐饮有限公司是成都知名餐饮企业之一，主要经营火锅餐饮。从成都双楠少陵路“家家福店”起，相继在国内开设了数十家直营店及加盟店，至2011年，蓬勃发展的蜀九香已成为四川餐饮业的重要力量之一。项目是旗下在河南的分店。

纯朴“庭院”

濮阳蜀九香中式火锅餐饮店

项目地点：河南濮阳
项目面积：2 000 平方米
设计单位：河南东森装饰工程有限公司
设 计 师：刘燃

主要材料：竹子、仿古砖、石雕、中式屏风
供　　稿：河南东森装饰工程有限公司
摄　　影：徐朝亮
采　　编：方燕

项目通过青石、屏风、木栅门等具有古典传统风格的元素装饰，将现代的时尚风格与中国传统古典元素相结合，以极简的设计手法来诠释中国古典的传统美，为食客营造一个纯朴自然的中式古典庭院就餐空间。

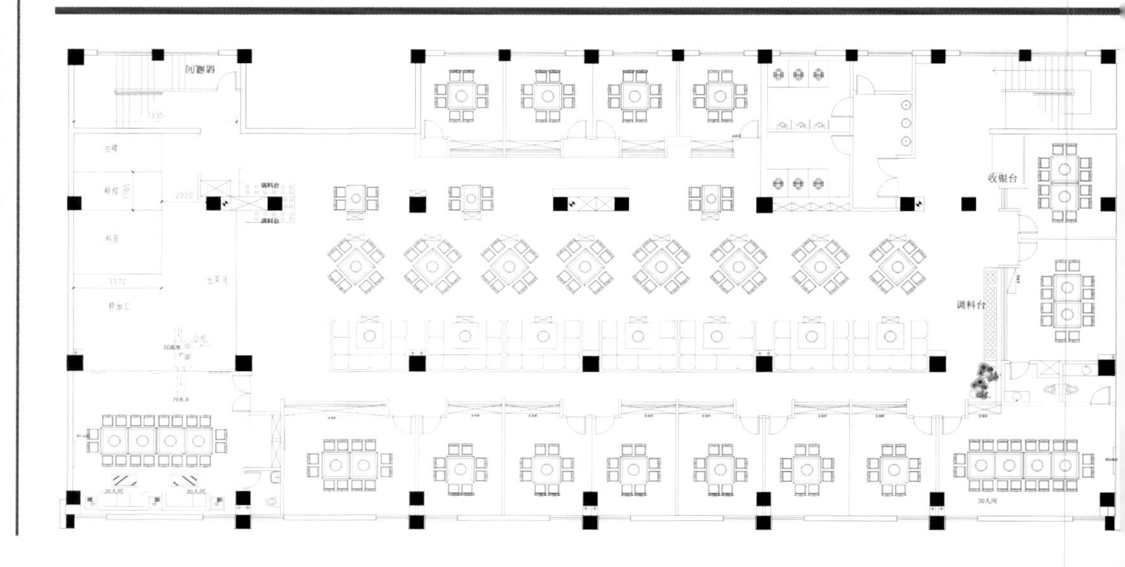

布局

项目位于河南濮阳，设计师在深入了解蜀九香浓厚的文化背景下，结合两千平米的现场结构，整体规划布局分为两层用餐空间。一楼用餐区采用中式古典风格，并大胆采用大量的竹制品进行装饰，在品味美食的同时，也可感受到古代庭院氛围。二楼用餐区则多采用强烈的现代色彩对比设计，将视觉效果在古代氛围中得以升华，但又不失古典的情趣。

传统元素

项目设计将现代的时尚风格与中国传统古典元素相结合，做到承前启后，相辅相成的意境，整体设计以极简的设计手法来诠释中国古典的传统美。项目的亮点设计在于大厅的空间设计上运用了大量的竹制品进行装饰，天花布满长短不一的垂直小竹筒，背景墙以同样的设计手法，把竹筒排布成矩形紧贴墙上，配以青石、屏风、木栅门等具有古典传统风格的元素装饰，营造出中式古典的庭院就餐区域，让食客享受自然纯朴的就餐氛围。

新东方意境

福州海联汇餐饮空间

项目地点：福建福州
项目面积：320 平方米
设计单位：福州创意未来装饰设计有限公司
主要材料：实木、PVC仿古木地板、皮革硬包、绣处理方钢、藤制品等

供　稿：福州创意未来装饰设计有限公司
摄　影：周跃东
采　编：方燕

项目是一间重新翻修，呈现混搭新东方风格的餐厅。设计师将现代感与东方意境的元素混搭，在材质的穿插、空间体块的组合、造型的意象模拟和软装陈设的百变拼盘中传达了大气深邃的东方意境，并具有当下的审美形式，就餐在此变成一种愉悦的艺术体验。

品牌定位：作为海联酒店的配套项目，业主希望餐厅的重装既要沿用原酒店大堂空间的暖色调，又不乏东方文化的意境。设计师因此将现代感与东方元素混搭，同时，从“海联汇”的名字获得启发，根据业主的要求，将“水”和“海”的概念作为餐厅设计的主题。

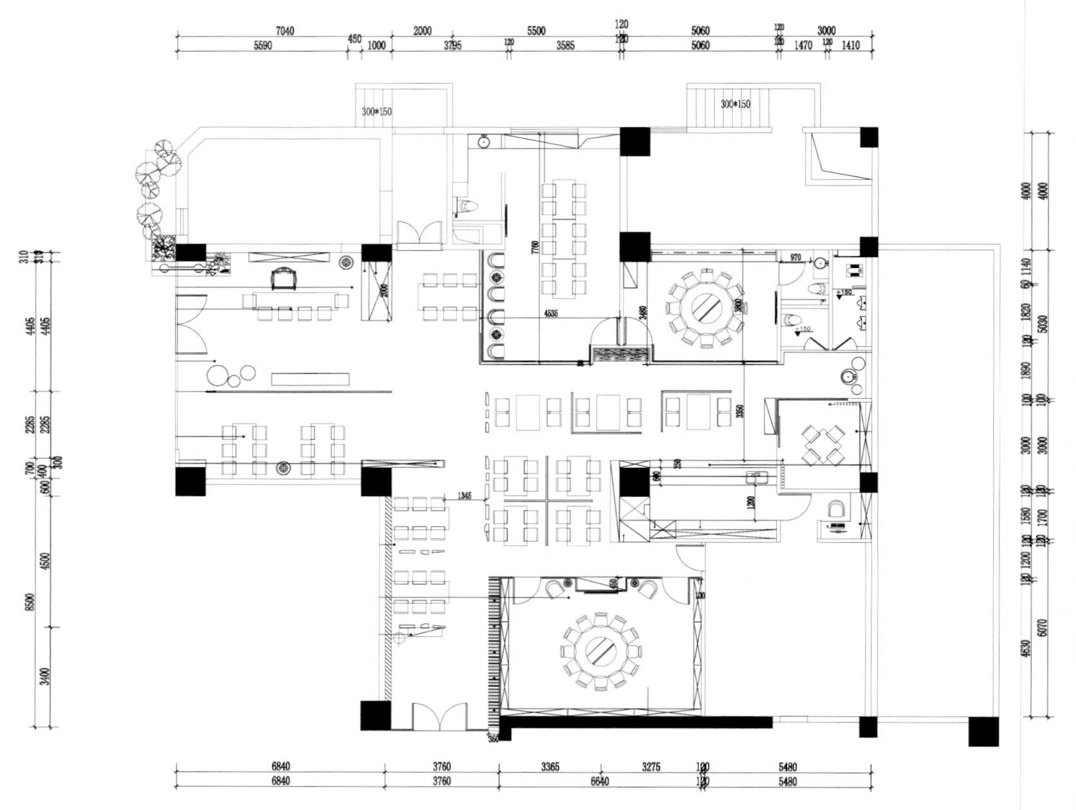

传统文化装饰

基于设计师"以国际性的视野，做区域性的文化"的理念，代表老福州文化的装饰被巧妙运用：餐厅内部入口处的背景墙，昔日大洋百货、中亭街、仓山老城区的素描跃然于上。包间内部以三坊七巷的旧建筑符号为题材定制的手绘作品占据半壁。

设计师在入口内部开辟品茗区，以明式家具的硬朗造型传达质朴、轻松的氛围；由大小不一的原木块组合而成的屏风上刻着唐代古诗《春江花月夜》的节选；原木书架和陈列柜分别放置陶瓷工艺品和传达养生药膳概念的中药材、菌菇标本。而满置葡萄酒的酒文化包间、由几张组合拉伸处理的藤制餐椅、室内印象派风格的水墨画作等现代元素则传递出更加多元的审美主张。

“海”“水”主题

设计师在所有象征海、水概念的元素中，以水波的圆弧纹理为灵感，将形态、大小、组合方式不一的“圆”呈现于空间各处。餐厅出口外立面墙上错落镶嵌着各式质朴的圆形陶盘装饰；大面积的天花和背景墙被刷上圆弧纹理，空调出风口则设计成水纹状的圆形，犹如水波荡漾；入口及大包厢的玻璃表面涂上海水螺旋图案，大圆套小圆的效果也被不断重复。

公共就餐区的隔断围栏内，白色水平管织成有序的纵向线条，传达雨的概念。

此外，以水母、海藻等海底生物为创作原型，进行变体处理的落地灯散落空间。蜿蜒的体态和流水般的纹理，整体造型风姿绰约，藤制工艺为其增添了几分清淡雅致的情趣。

复合式美学

新东方风格将传统意境与当代艺术、传统元素与当代手法巧妙融合，这种复合式美学别具韵味。本案中，空间的结构通过大体块的拼接构成，用块面搭接的方式穿透延伸。无论是以传统“弓”字形护栏作隔断的公共就餐区，还是用现代玻璃、方钢和木质踏板围合出的透明封闭包厢，抑或是以原木板块打造的隔断屏风、书架和陈列柜，不同体块之间的组合刻意而又自然，构成了极具表现力的功能区域。

素雅古意

江阴刘家大院

项目地点：江苏江阴
项目面积：3 500 平方米
主要材料：成品木饰面、黟县青石材、白木纹、布艺硬包、手工地毯、斧跺石、黑毛板
采　　编：方燕

整体的建筑充满着独特的地域文化内涵与民族文化气息，设计师根据项目的定位将原生态与时尚的现代设计风格相结合，注重发挥结构本身的形式美，以“庭”“院”为布局主导，使用如青石材、白木纹等具有天然感的材料，塑造出一个拥有宅院风范的、优雅的新中式空间。

品牌定位：项目位于江阴市花山路，刘家大院即刘墉江阴任职期间官邸。刘家大院借助刘墉故居的地域文化，还原其建筑古宅，利用建筑及环境的先天优势，打造具有现代功能的人文餐饮会所。传承故居文化，传承名人文化，传承江阴文化。原生态与时尚的现代设计风格相结合，创造一个城市、建筑、自然和人和谐共处的中间地带——“灰色空间”。

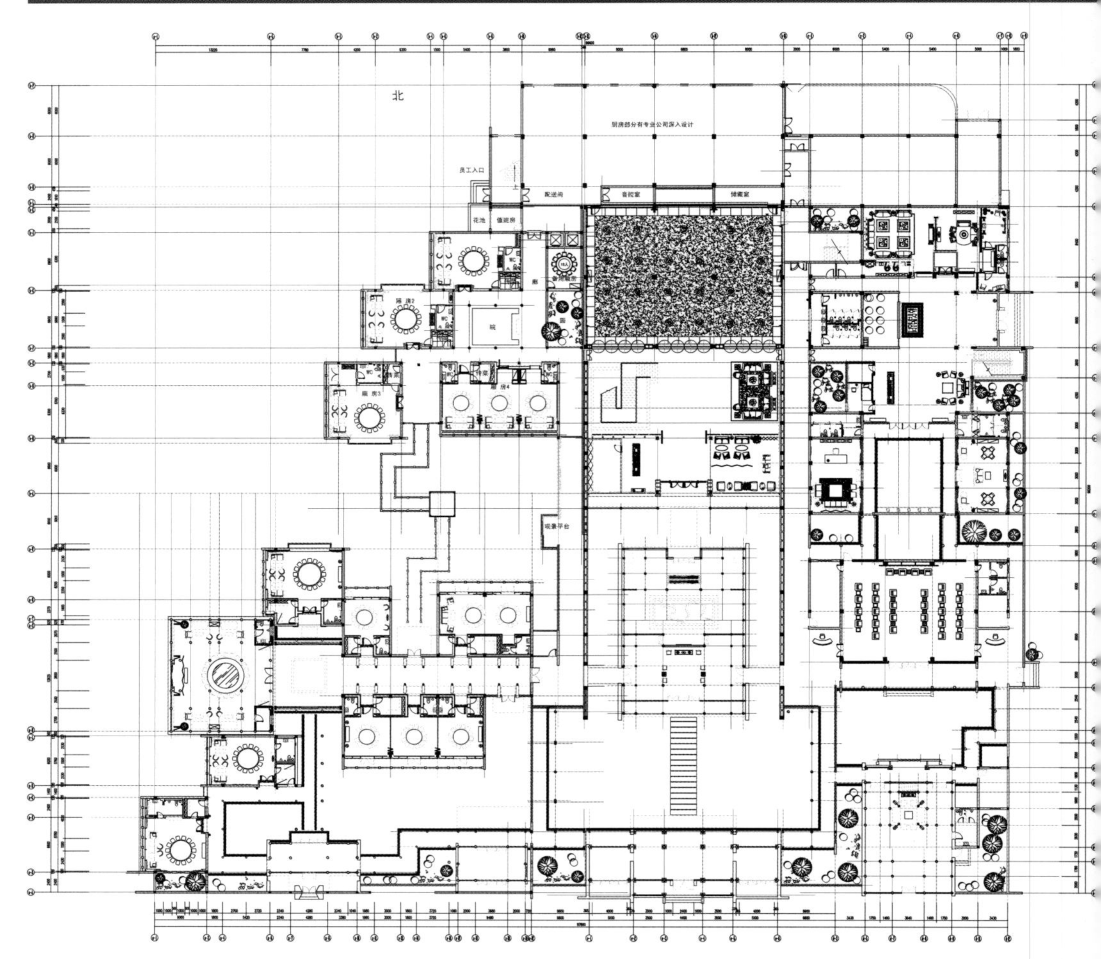

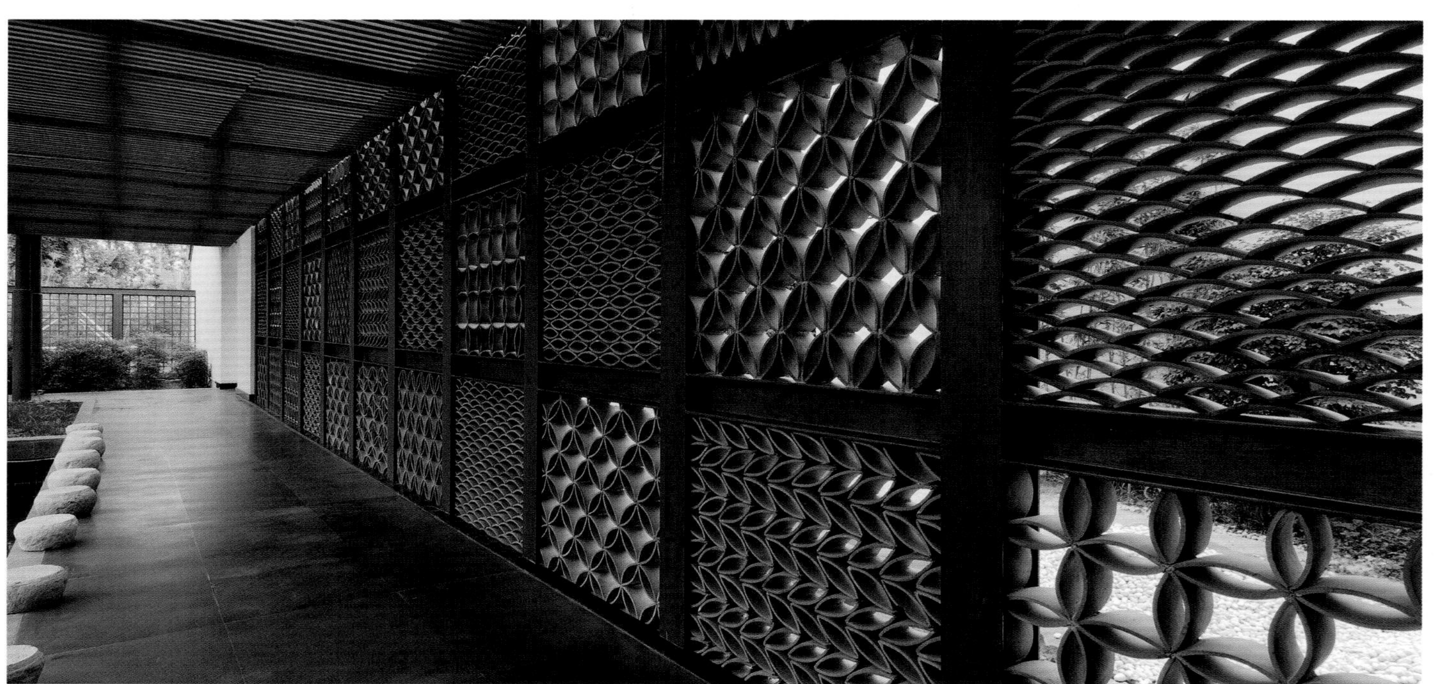

设计风格

整个建筑遵循平易、中和、含蓄的审美习惯，体现了中华民族的性格在美学上的追求。采用了以纯建筑美学的表现手法，注重发挥结构本身的形式美，但同时充分利用地域文化特有的基本风格，用现代简约的表现手法，表达餐饮会所氛围、地域风情和开放文化的融合。

点式布局

项目在空间布置上，以“庭”“院”为主导，将各类型空间以点位的方法分散布置，再通过曲桥、连廊、庭院有机地将这些分散的独立空间衔接起来，整体错落有致、层次分明。项目共有豪华包厢20个、大小会见厅2个、大型会议室1个、就餐大厅1个，空间特色分明，装饰风格尊贵大气。

传统装饰材料

会所使用的材料以环保、实用为选择方针，在种类的控制上以精简为主，不出现过多杂乱的材质，以保证品质。青石材的使用增添了整个空间的大气感，木饰、木纹、手工地毯带来天然而原始的美，整个空间在这些具有传统气质的装饰下，更具中式优雅的韵味。

田园城堡

台中普罗旺斯法式餐厅

项目地点： 台湾台中市五权西四街
项目面积： 198 平方米
设计单位： 杨焕生建筑/室内设计事务所

主要材料： 木纹砖、大理石、铁件、文化石、植生墙
供　　稿： 杨焕生建筑/室内设计事务所
采　　编： 谢雪婷

项目以“城堡里的故事”为设计主题，希望能传递与分享当下的生活态度，引起人们共鸣。项目外表以简约的白墙搭以绿色藩篱设计，室内以古典法式纹理铺陈，清新自然的乡村田园风格让人们心旷神怡，而项目也成为一道独特的街景。

品牌定位： 项目是台中的一个餐厅，设计主题为“城堡里的故事”，通过幻想行走在台中美术园道上，继而发现该餐厅窗内热络的氛围，希望能传递分享当下的生活态度。设计思考构建一座7.5米高白色城堡，城墙柱列为空间建构出高大的秩序，坚硬的表材下却拥有绿篱如田园式的就餐空间。

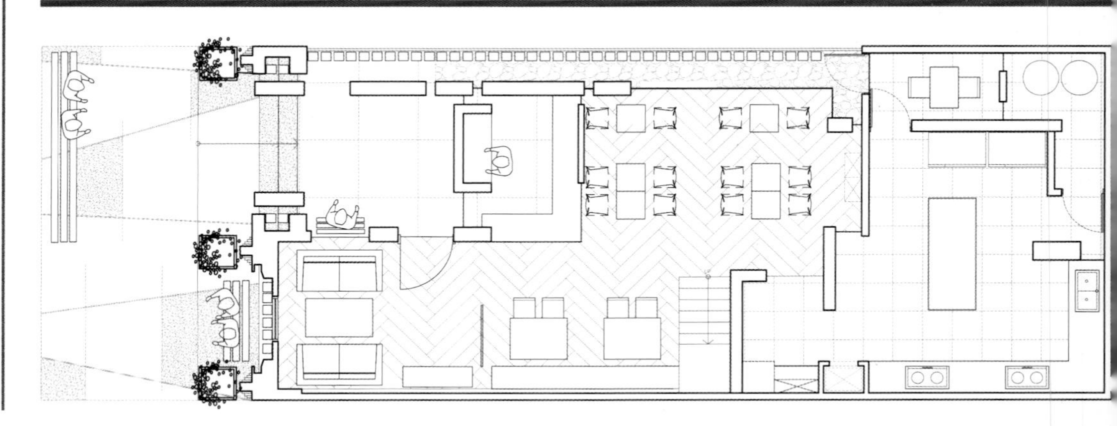

绿墙纽带

项目位于台湾台中市，项目设计20米长的绿墙由大门作起始点,顺延建筑物间隙流入并贯穿全室，演绎街景的独特风貌。空间中心设计为吧台，被设计成透明形式，藉由透明吧台空间，创造游走全室的伸展台。用餐空间的设计核心点有二：对内起凝聚全室目光的作用；对外是园道另一个街接点，让项目看起像绿意包覆的璀璨玻璃盒子。

法式纹理

空间铺陈以时尚摩登为基调，并以西方元素作为构思泉源，取原古典饰板美感，设计出简约法式线条，简约的法式纹理铺陈在天花板和喷砂玻璃中，以整齐的量化姿态冲击视觉。

室内置入屏风玻璃，以镂空铁件形式来区隔空间，演绎出当代与古典、乡村田园与时尚的和谐，让顾客感受到餐厅休闲舒适、宾至如归的氛围。

清新视觉盛宴
石家庄名家澳门豆捞

项目地点：河北石家庄
项目面积：1 500 平方米
设计单位：大石代设计咨询有限公司
主要材料：新西兰米黄、壁纸、皮革、白玉兰石材
供　　稿：大石代设计咨询有限公司
采　　编：张培华

项目在设计上摒弃了夸张繁复的风格手法，采用了清新淡雅的新古典主义风格，根据对不同消费人群的细分设置不同主题和感觉的包间，并据此选择最佳的配色图案、材料组合、装饰照明等。整个项目在怀旧中洋溢现代，飘逸中透着不俗的文化品位，力求营造出一个舒适、优美的就餐环境。

品牌定位：项目作为石家庄本地最早的一家高端火锅店，在当地有着很高的客户认知度。“豆捞”为“都捞”的谐音，殖民主义色彩浓重，出于地方特色的几点考虑，设计师在设计之初，对本案进行了风格定位，本次设计作为该店的全面升级改造，一方面要传序品牌原来的经典特征“澳门印象”的文化属性；另一方面也要进一步提升品质，彰显消费主流的尊贵。

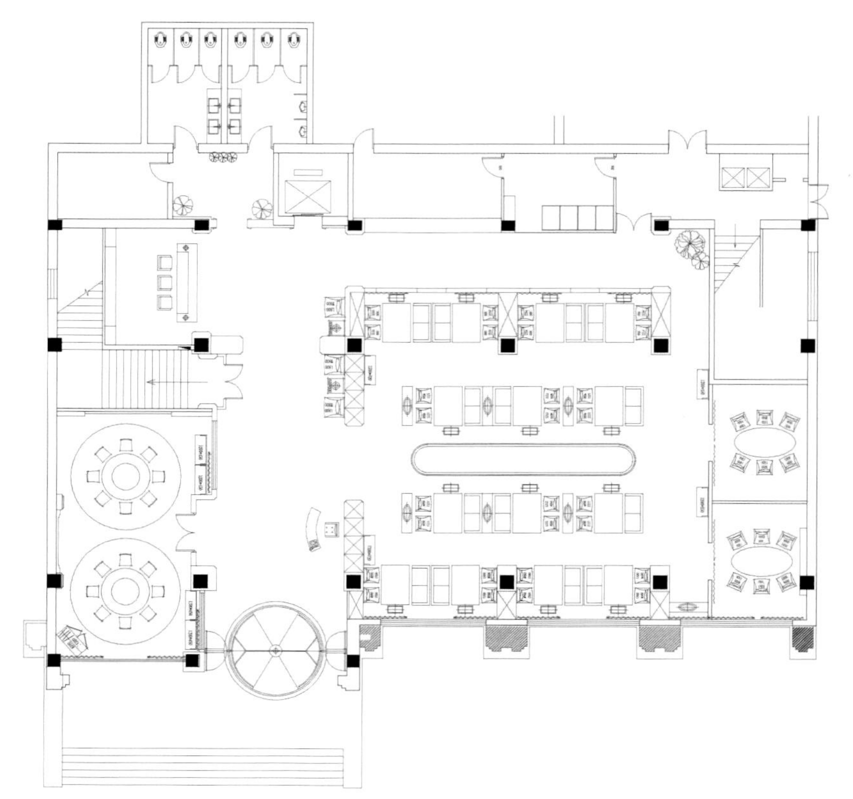

新古典主义风格

设计师经过全面的分析之后，决定使用清新淡雅的新古典主义风格，舍弃一些比如：夸张的造型、浓烈的颜色、耀眼的材质等表面化的元素。力求让客人在一种放松的状态下感受褪去浮夸后的经典。

艺术就餐大厅

项目的空间艺术给人的第一印象就是秀色可餐。顾客走过小桥流水、绿植折墙，展现在眼前的是一个轻纱曼舞、错落有致的就餐空间。区别于以往火锅店色彩浓重、热火朝天的装修风格，项目采用大量轻纱、干花、清水玻璃、沙雕以及浅色瓷砖等装饰材料，重组整合一个清新、愉悦的视觉空间，让宾客在享受热气腾腾的火锅之余也享受到空间艺术带来的愉悦之情。

"水台"是整个一层大厅空间表现的重点，所谓"水台"是一个"悬于"大厅中央的散座区，四周环水，由小桥与内外空间连接，使大厅空间高低错落，打破了平铺直叙的尴尬。

个性定制包间

经过对顾客多方面的分析，设计师将该店的消费人群细分为六种类型：文化性、商务型、经典私密型、唯美型、情调型、复合型，再根据每一类消费心理诉求，选择最佳的配色图案、材料组合、家具款式、饰品风格、照明策略等。例如，门厅和豪包设置了美国橡木专业酒柜、散厅摆放具有法国浪漫特征的蓝调衣柜；文化型包房选用明式红木家具配以小巧曲线的餐椅，椅背面料选择高级灰的天然植物图形；复合型的双桌房采用新古典的装饰和后现代的家具相组合等方式。希望让客人在一种最轻松的状态下享受美食之乐。

东方海洋符号

沈阳净雅餐厅未来城店

项目地点：沈阳市沈阳区西滨河路
项目面积：10000 平方米
设计单位：睿智涯设计

主要材料：帝王金石材、香槟金镜面不锈钢、金色柚木防火板、透光云石、洗水银茶镜
供　　稿：睿智涯设计
采　　编：张培华

项目将自然海洋元素与东方元素相结合，以现代手法重新勾画出私密而高雅的视觉风貌，强化了整体海洋文化特点，延续了中国传统符号，融合地域文化与当代艺术，创造出隐喻古典图像的现代空间。

品牌定位：拥有二十多年餐饮历史的净雅集团，一直以海鲜菜和航海文化而闻名。项目是净雅集团旗下专门提供海鲜美食的餐厅，经营战略定位于商务聚会和私人社交的高端场所。净雅集团对于每个餐厅的空间设计上一直寻求突破，此项目希望将风格迥异的东方海洋元素做为主要符号进行诠释，为消费者提供一个私密而极具高雅气质的环境。

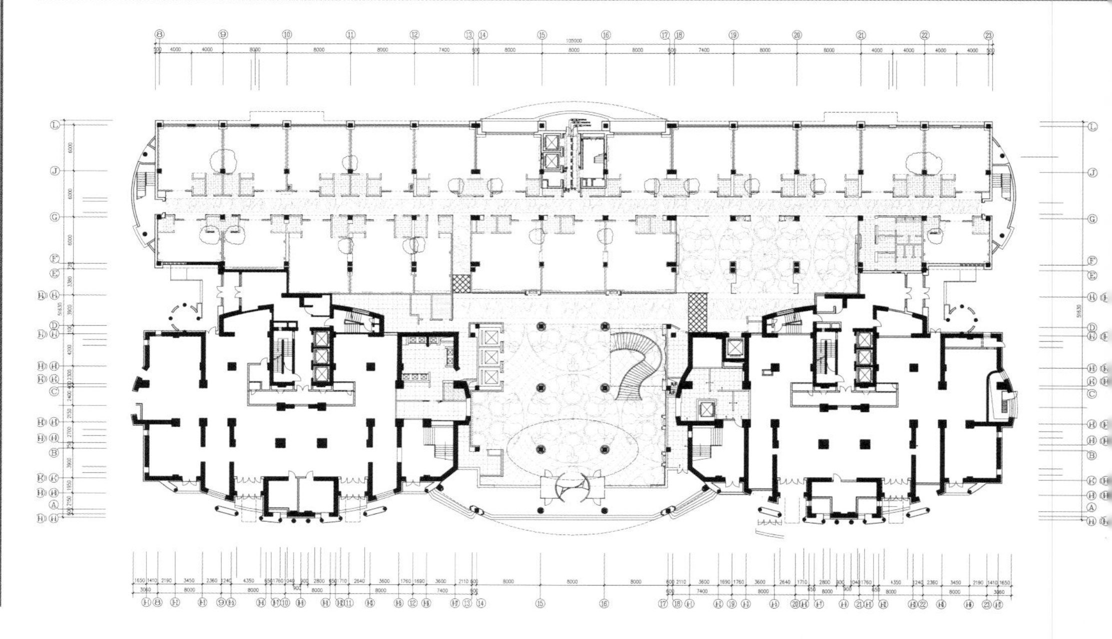

风格餐区

项目位于沈阳市西滨河路，项目整体划分有楼层大厅与包间。每一层的大厅天花都设计成“牡丹”样式，并以梁柱间的搭配来凸显空间的大气与恢宏。包间则分布在走道的两侧，每一间包间按其功能则采用独特的风格与设计，以求让食客享受舒适的用餐环境。

东方元素

设计师摒弃了传统高档餐厅的金碧辉煌，在大厅的设计中将“牡丹”、“祥云”、“浮萍”、“瓦片”等东方元素运用其中。“牡丹”主要表现在顶面造型之中，在恢弘的空间中增添了优雅的气质，烘托清雅闲逸的情境。“祥云”跃然于画面之上，配合地面水波荡漾的图案，丰富了视觉效果，让人不禁幻想在一望无际的大海之中的徜徉之感。中庭的设计将柱子与梁的结构作出大胆地运用和处理，使空间多了份庄严与质朴。传统房屋中“瓦片”元素的运用更加贴近自然。

品牌定位：义面屋在台北开业已经十年，曾获得金牌美食奖，在台北拥有很高的人气。本项目作为该品牌进军国际大都市——上海的第一家，希望能给顾客以清洁、舒适、创意的美食体验。项目设计在此基础上，创造一个轻松和休闲的空间，令人们在无压力的情形下享受进餐的乐趣。

简洁新古典
上海义面屋

项目地点：上海市静安区
项目面积：240.9 平方米
设计单位：王俊宏室内裝修設計

主要材料：钢刷橡木染色、意大利灰石材、波龙、烤漆铁件
摄　　影：KPS游宏祥
采　　编：谢雪婷

本案采用文艺复兴时期巴洛克元素作为设计基调，藉由色彩、线条、形状、段落的安排，串连起对美食的隐喻，从而使文化得以导入空间肌理的回忆里。而各种古典文化元素经过粹炼精化后，严格遵循美学原理的建构方式，藉由现代工艺及新材料重新焕发活力，营造出简洁轻松的就餐环境。

寓意区域设计

项目中的古典元素带来的丰富寓意是本案设计的一大特色。曲折蜿蜒的铁件座椅，对应天花板上垂吊的纯白磁质器皿，带领着人们进入味觉与视觉的天堂，也寓意厨师们希望每份餐点都能带给顾客层出不穷的惊喜，同时也成为本案设计的主轴。餐桌底下有趣的图地反转桌脚“鲁宾之杯”则寓意着店主的期待：希望通过以人为本的服务精神使用餐者淋漓尽致地感受到五感盛宴。

色调搭配

在色调上，整体使用调和色配色法，在黑白分明的天花板及灰色系地板的衬托下，设计主轴显得更加明亮与协调。而层次分明、层层叠叠的几何曲线，由浅至深引领观者的视觉运动。高低分明的座位区划，使空间主体分明，层次多样，在调和色系的平衡下，虚实之间有了更丰富的语汇。

餐桌上空的半圆形吊灯以及安装在每根柱子上的古典灯饰，让人感受到欧洲古典文化的优雅、从容。大面积玻璃窗边以对称几何图形作装饰，将视觉角度几何化，增加空间趣味，同时佐以蓝紫色的天光，使空间呈现暧昧色调，不失为美食的绝佳搭配。

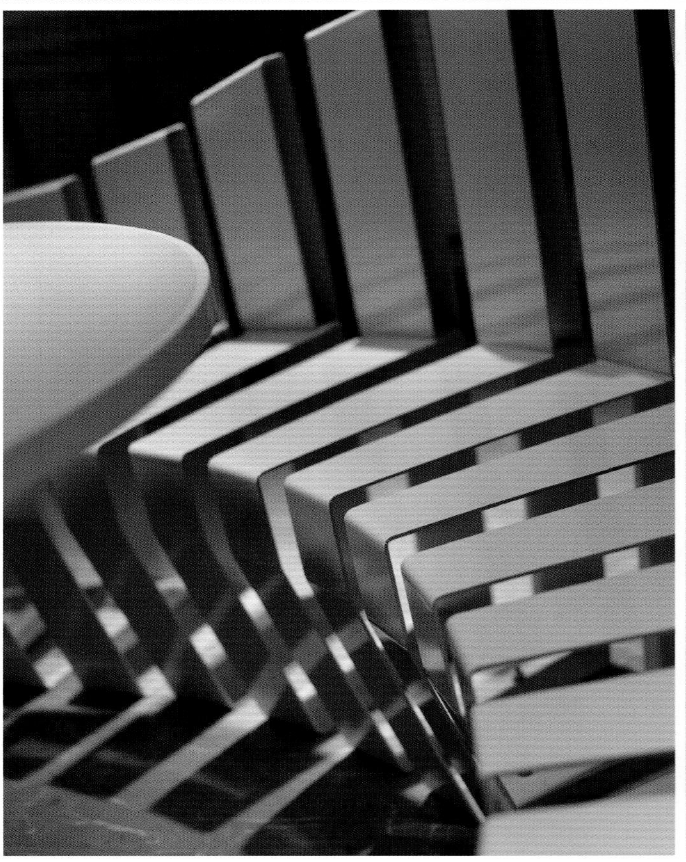

材质

设计师强调空间的设计应当注重材质与空间之间的互动。在本案中，遮掩的线条带动光影的变化，优雅柔和的曲线与冷冽刚硬的铁件形成独特美感，每一个细节的安排都体现了设计者的用心——带给用餐者与众不同的就餐体验。

安全出口
EXIT

中西意象

天津璞御会所餐厅

项目地点：天津南开区
项目面积：2 500平方米
设计单位：古鲁奇公司
主要材料：石材、金属、玻璃、水晶灯

供　稿：古鲁奇公司
摄　影：孙翔宇
采　编：田园、张培华

项目设计手法运用了西方时尚的手法，并结合大量的中国元素，呈现出令顶级食客们感到耐人寻味的低调奢华与温馨感。除此之外，设计师选取极具视觉感染力的材料元素进行装饰，期待冷冽的素材与具有中国风的装饰能够碰撞并激发出和谐的空间体验感。

品牌定位：璞御会所座落于天津市中心区，整个区域内国际体育馆与公园林立，呈现出市中心闹中取静独一无二的国际都会样貌，这同时也呼应项目高端商务宴请的市场定位，“低调奢华”是项目对美食空间品味一贯的追求态度。项目再一次的拔高了中国火锅的高度，是天津市内有口皆碑的以火锅料理与海鲜为主的高端餐饮店。

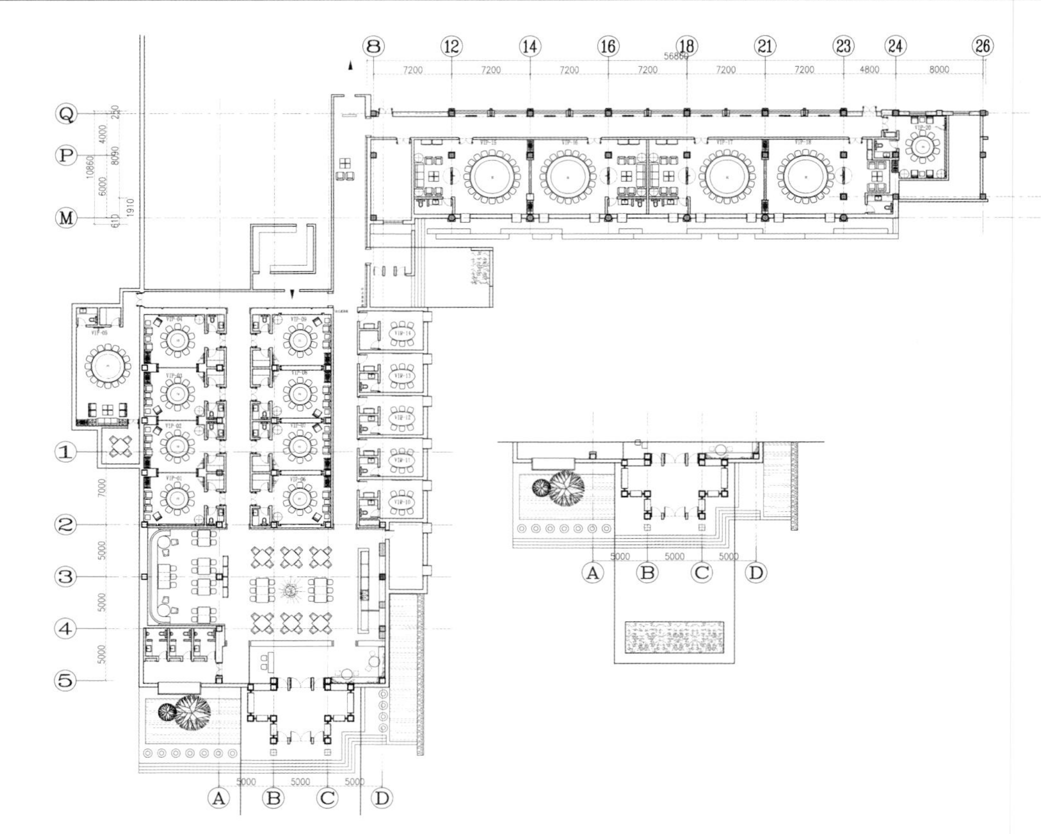

男洗手間 Man

渐进区域

项目位于天津市南开区。从入口处开始，设计师的概念是将大量的棋子陶瓮串联成醒目的落地墙面，让第一眼印象就充满戏剧性，同时也为整个空间营造出张力十足的华丽背景。项目功能区间清晰明了，循序渐进。入口进去是领位台与等候区；再进去是开放式餐厅，设置有吧台与收银台；越过餐厅分别有三列包间，根据人数与功能不同而划分，与之成直角的还设置了4间VIP大包间和一间小包间，成横向排列。

混搭风格

设计师在空间气质中融入了抽象与具象的中西文化混搭，意境上来自抽象的富春山居图，建筑融入瑞士国宝及建筑师Peter Zumthor的Therme Vals概念，低调冷冽的材料上搭配清朝康熙年代意大利画家郎世宁的中国宫廷画，迥异的风格通过时空在同一个空间碰撞，使得宾客们不知不觉地感到身心的放松。

感官元素

使用的材料包括石材、金属、玻璃、大量的水晶灯等，突显了璞御会所在天津市场顶尖的定位，让宾客在品味美食之外，视觉感官也能有绝妙体验。在这里直接领会到当今中国最奢华高调火锅料理的精彩演绎。

品牌定位：餐厅的Logo以立体的造型搭配简洁的“PS”名字，绿色的环保色调为品牌带来更多的时尚感和故事性，也唤起人们对校园食堂的回忆。柔和的绿色系色彩和天然的大理石如同一个有机的调色盘，为刚刚踏出校园的年轻学子们创造心灵加油站。考虑到食客的心理因素，设计师希望提供一个闹中取静的幸福空间。

绿色“加油站”

北京又及餐厅中关村店

项目地点：北京中关村
项目面积：850平方米
设计单位：古鲁奇公司
主要材料：大理石、铝板、地毯、玻璃

供　稿：古鲁奇公司
摄　影：孙翔宇
采　编：田园

项目通过柔和的绿色系色彩和天然的大理石，营造了一个梦幻般的就餐环境。除了在餐区大面积地使用绿色，Logo设计通过简洁立体的造型和引人关注的绿色，凸显出时尚与个性。招牌、菜单、手提袋等的设计也以绿色为主色调，令顾客身在其间获得身心的全面放松。

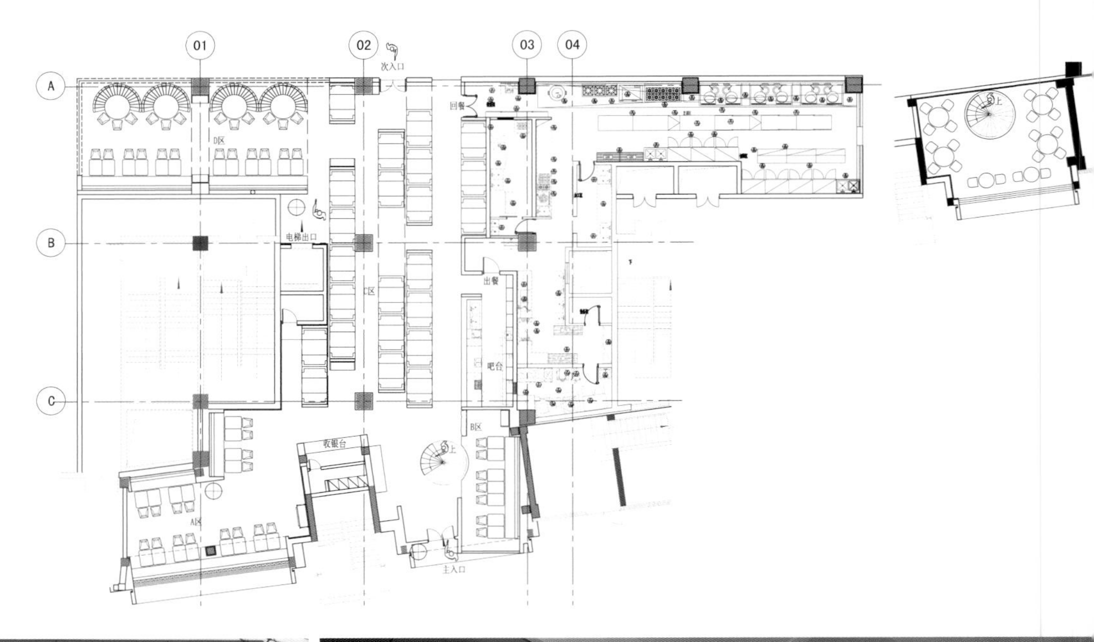

个性餐区

项目位于北京中关村，整体规划成5个功能区块，除厨房、吧台等基本后场之外，所有的外场用餐区域以环境心理学的模式呈现，每个面向喧嚣都会的景观用餐区都被赋予独特的调色盘与窗口来帮助人们审读繁杂之外的自我。

针对都会商业区白领族群的用餐心理，精心布局四个属性独特的餐区，各个风格相同、手法相异。餐区之间注意颜色与材料的运用，小阁楼餐区为全绿色空间，白色的楼梯通天隐喻人们努力向上的必要性，为食客打造专属的身心避风港。

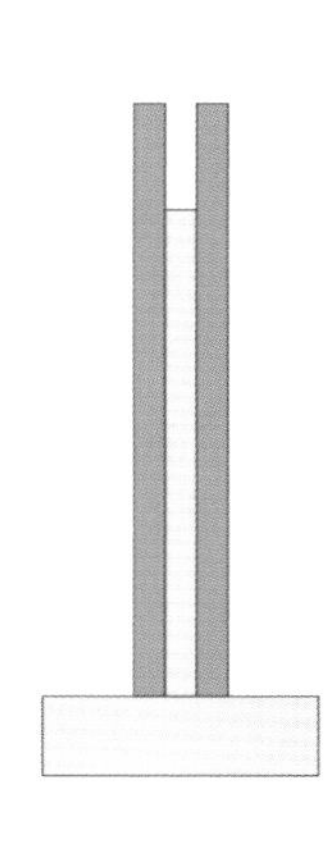

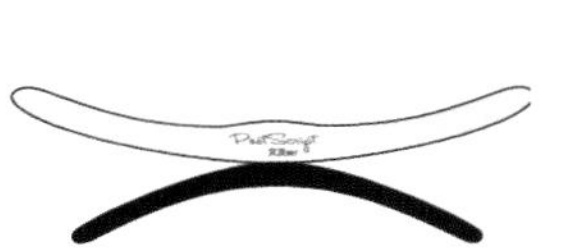

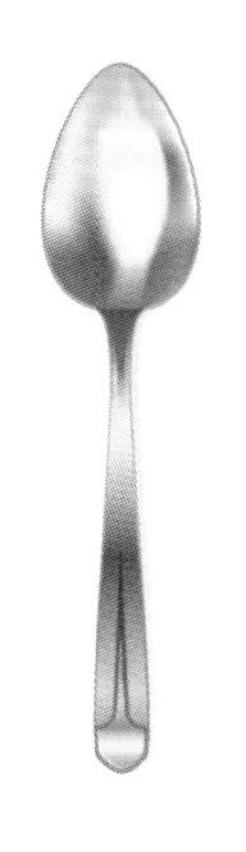

绿色系VI

与空间的风格相呼应，VI设计广泛应用了绿色这一环保色调，其中Logo的设计不仅以具有层次感的绿色为主色，它的灵感来自酷炫的电视盒——它总是带来稀奇古怪的视觉冲击力，当平面转换立体的空间，一切会变得有深度。

招牌、菜单、海报、手提袋等的设计也遵循此用色原则，员工制服虽然以简单的主色和辅色为主，但也与空间环境相映衬。

缤纷世界

奥地利维也纳Albertinapassage餐厅

项目地点：奥地利维也纳
项目面积：1 500平方米
设计单位：Sohne & Partner Architects
主要材料：大理石、铝板、地毯、玻璃
摄　　影：Severin Wurnig
采　　编：谢雪婷

项目是将维也纳市中心的一条废弃的行人隧道改建成可容纳300人的现代化就餐俱乐部，包括顶级餐厅、经典美式酒吧、俱乐部以及提供现场音乐会。项目结合就餐与休闲娱乐于一体，新旧融合的设计，希望带给人们缤纷的感官体验。

品牌定位：项目的前身是一条行人隧道，经过改造，如今变成了一家精美的就餐俱乐部，戴上了新的光环。项目的设计理念受到当地一家顶级厨师机构Reinhard Gerer的启发，该餐厅以国际大餐与维也纳美食而著名，给来自全世界的游客提供一个缤纷而欢乐的就餐环境。

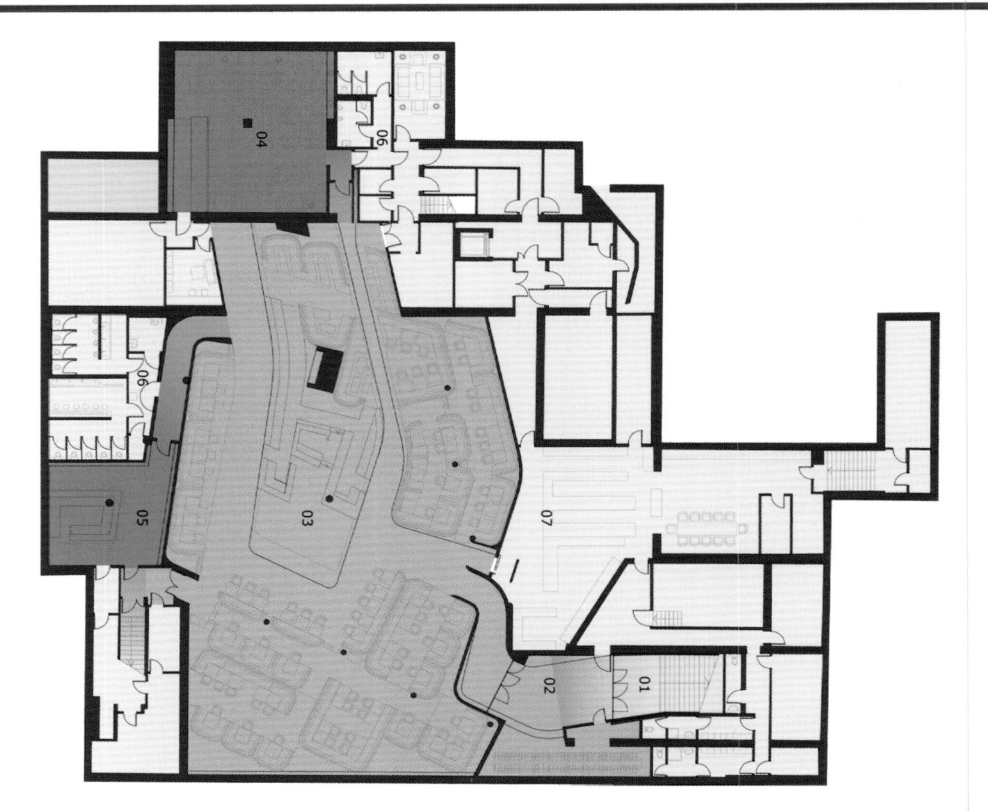

经典酒吧式餐区

项目位于奥地利维也纳，项目的入口是从维也纳国家歌剧院的前门进入，沿着楼梯以及一条S形隧道前行，穿过接待处和衣帽间，最后抵达俱乐部的主要区域。一走进该俱乐部，映入眼帘的是位于中心的舞台。项目并入了一系列现代元素，并将它们与古典细节融合在一起，白色的雕像看起来充满未来主义感。用餐区的灵感源于二十世纪50年代间的经典美式酒吧。就餐席位享有精细化设计，围绕舞台分组排开。

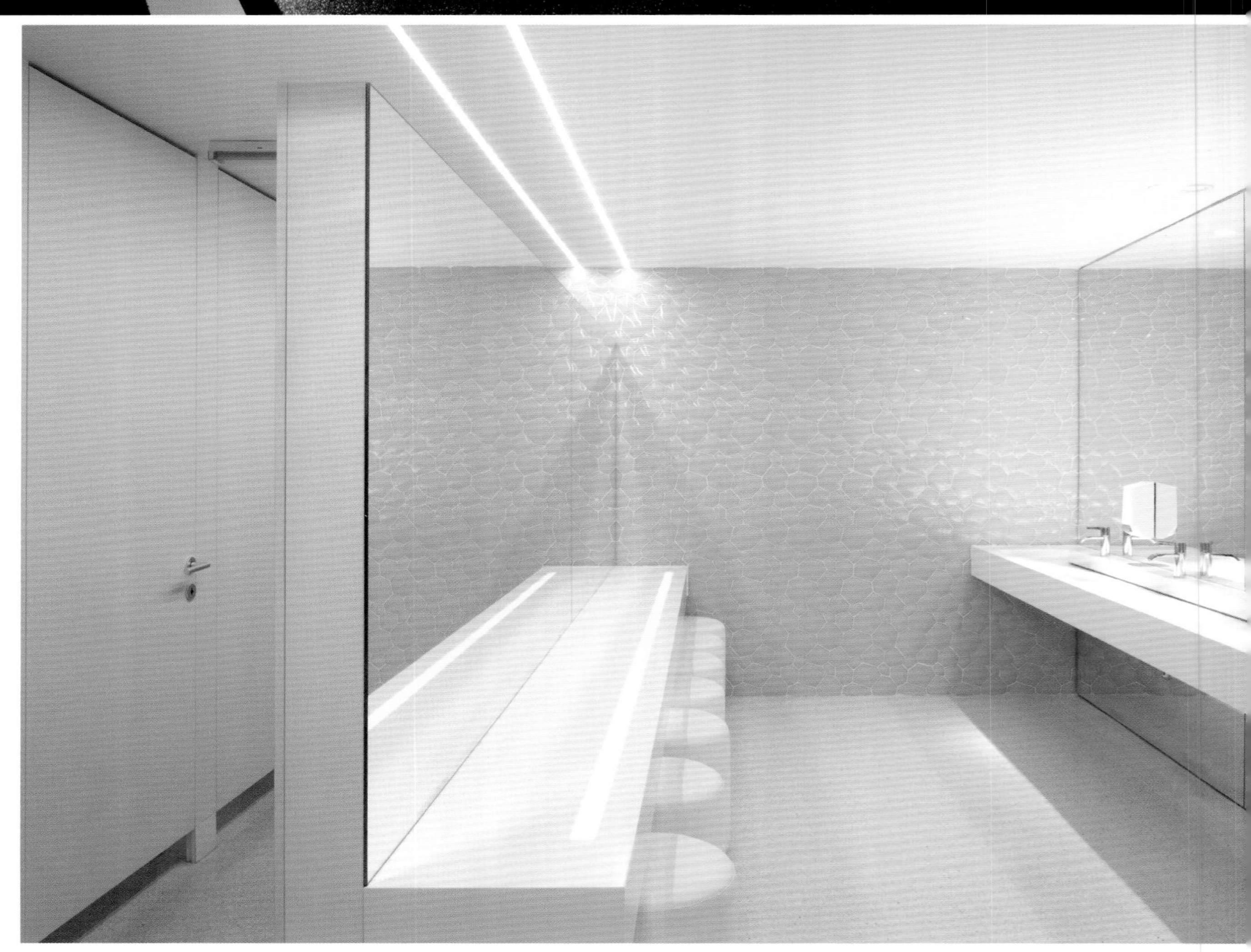

核心雕塑

设计的核心是一尊白色的雕塑，其主要功能包括提供实况音乐的舞台，两个酒吧以及后台的酒廊等场地。座位和餐桌围绕该雕塑中心分布，并且根据现场状况调整成三个不同高度，以此保证后排席位区也能够享受舞台观赏视野。位于舞台正前方的舞池配合缤纷的灯光，吸引了人们的视线。这种位置安排使得就餐和表演的氛围完美地融合在一起。

品牌定位：项目是保加利亚的一家咖啡馆，旨在为人们提供能进行舒适的休闲交流空间，又区别于一般充满小资情调的咖啡馆，希望能提高艺术时尚感，因此项目通过独特的设计理念创造满足所有技术和功能的华丽空间，满足顾客对创新艺术的空间存在感的追求。

动感休闲前线

保加利亚瓦尔纳Graffiti Cafe咖啡馆

项目地点：保加利亚瓦尔纳市
项目面积：300平方米
设计单位：Studio MODE

主要材料：白色工程石地板、聚氨酯漆中密度纤维板、玻璃幕墙
供　　稿：Studio MODE
采　　编：谢雪婷

项目一改普通咖啡店里的暧昧小资情调，采用创新环保、艺术时尚的设计。将内部设计作为建筑自然延续的一部分，将户外氛围融入内部设计，同时又突出建筑的外部轮廓。整体以三维化设计、明亮的色彩以及相应的配套摆饰，使空间显得灵动优雅，颇具时尚艺术气息。

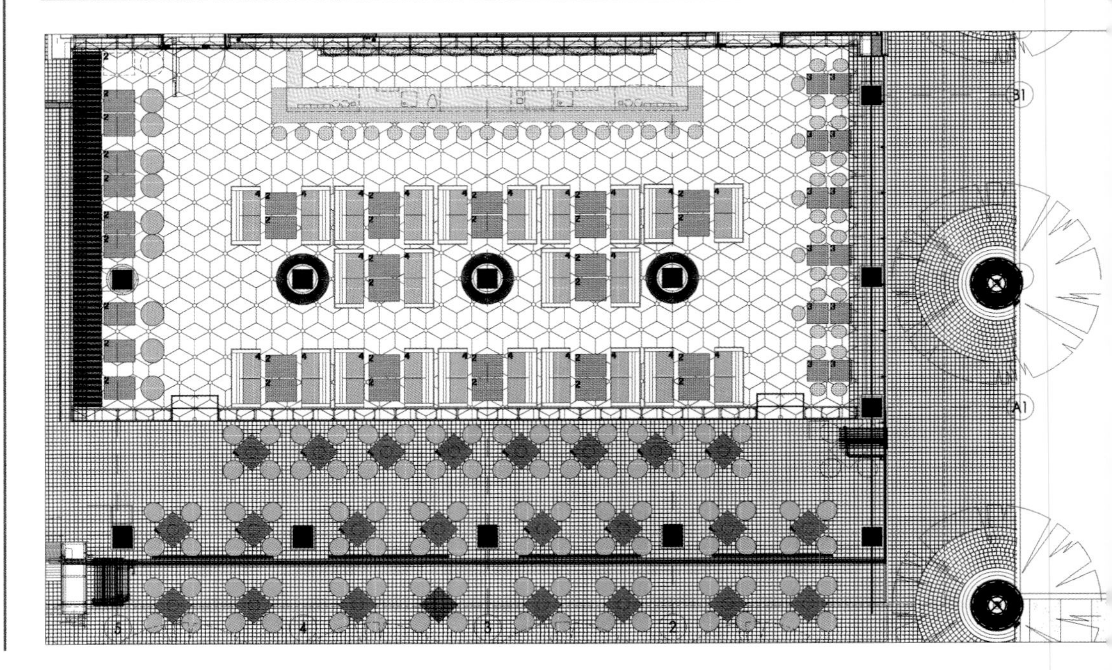

轮廓空间

项目位于保加利亚瓦尔纳市，功能规划上设置了两个区域：前端区域纳入外部的公共空间，突出外部轮廓，同时增强空间内外连续性；位于后端的深度室内区域，通过地面和屋顶的设计将这部分空间隔开，减少空间深邃感，同时又保持空间完整性。

三维观感

项目参考现代艺术画廊的设计方法，设计的主体方向和期望是延续和扩大原有空间的建筑和功能内涵。设计师重新设计了大楼正面幕墙的天花部分，天花板前部采用与建筑外观相同的材料装饰，且设计富有韵律而动感；而地板则铺上与人行道相同的材料，保证了内外空间视觉上的延续性。地板的花纹是escher艺术的展现，它结合了石墨分子的结构，并以三维立体的形式延续到墙面上，从审美的角度完善了建筑的外观效果。

功能之美

通过清洁材料的运用，解决了项目内部空间通风与声学的问题，同时在节约木材以及美学之间找到了一种平衡。功能的实现使得艺术时尚的空间美达到了另一个新高度，同时增加了空间通透而立体的感官视觉。

前卫之区

郴州唯廷空间音乐餐厅

项目地点：湖南郴州
项目面积：550平方米
设 计 师：胡武豪

主要材料：爵士白石材、水曲柳套白家具
采　　编：张兰

项目为湖南郴州一个时尚餐饮娱乐的空间，整体设计风格以白色为基调，结合简欧元素。在造型上，空间以植物元素为切入点，以多种植物形态，结合LED灯光照明设计来表达整体空间的自然时尚和空间立体感，令顾客置身于时尚前卫的氛围之中。

品牌定位：湖南郴州唯廷空间中西餐厅始终坚持以传播音乐清吧美食文化、引导时尚生活潮流、创新餐饮消费概念为己任，始终坚持健康娱乐，深受高端消费者青睐，是湘南地区清吧第一品牌。

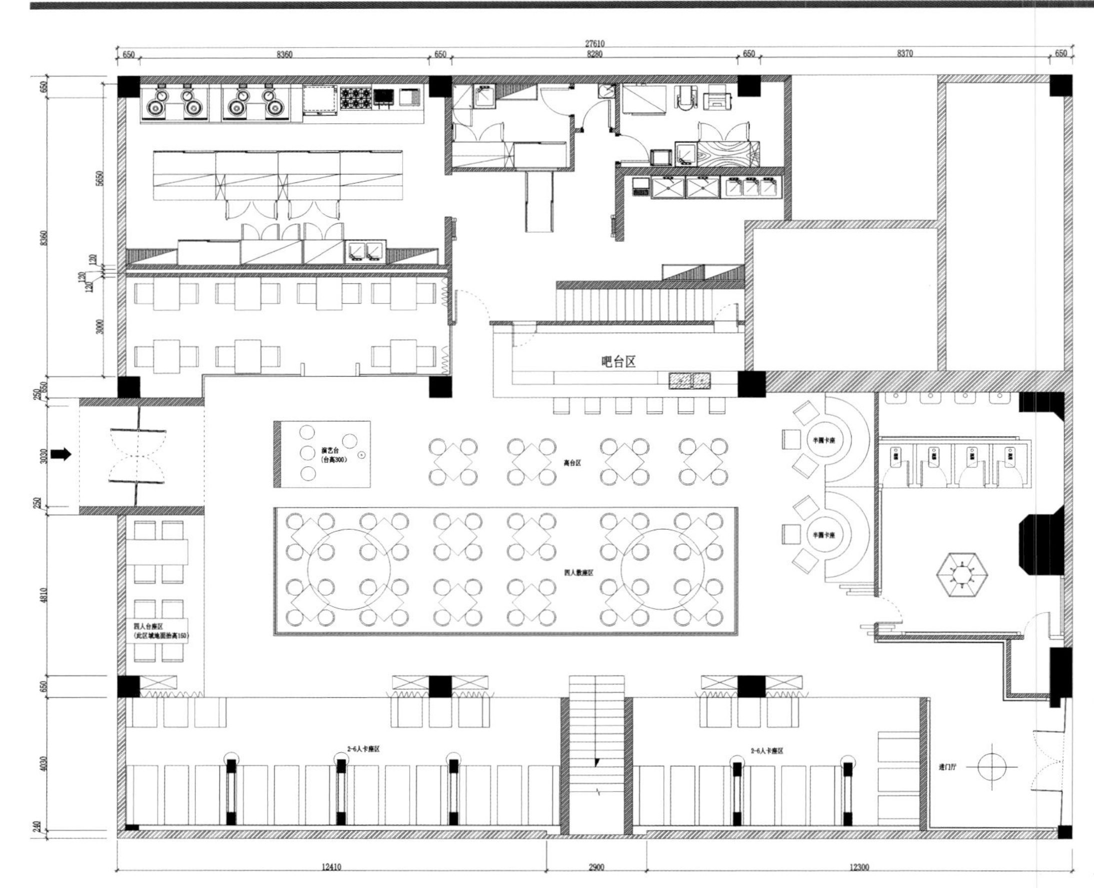

WAITIN SPACE

木地台餐区

项目位于湖南郴州。正入口设在步行街处，为一个非常完整的盒子入口，主LOGO就在挑出的门楣上，整体门面简洁时尚，以白色为基调。在进门的左侧是一块休闲区域，以白色防腐木搭建的木地台。侧入口在空间的东面，采用的是简约的设计手法，主要是把外立面的色彩和本案整体风格统一，在外立面上用LED立体灯光来营造空间视觉冲击效果。

抽纸器

简约立面

主LOGO以镜面不锈钢边框和LED变色灯光立体固定，门面结合多种形态简欧镜框造型为装饰点，镜框背面装有LED变色灯光，使整体立面在以白色调的基础下，用LED灯光的变换来丰富空间层次。整体外墙面用白色大小石头装饰，地面装户外射灯往上照明，V型灯光使整体门面在简洁的色彩下，通过LED灯光的映衬，使整体门面效果简洁而层次分明。侧门入口采用无框玻璃门，由于侧门内有一个以植物造型为主的装饰墙面，造型结合灯光层次丰富，和外面的植物公园内元素紧紧相扣。

天然“氧吧”
深圳喜悦西餐酒吧万象城店

项目地点：深圳市万象城
项目面积：700平方米
设计单位：深圳市新冶组设计顾问有限公司
主要材料：波斯海浪灰大理石、圣罗兰大理石、古法琉璃、紫铜、仿古实木板

采　　编：深圳市新冶组设计顾问有限公司
采　　编：陈惠慧

项目集餐厅与酒吧两种业态一体，同时还兼营party聚会，设计师意图做一个闹中取静、考究又不失亲切的高级西餐酒吧。新古典风格、多样化用餐空间设置，以及大量运用植物的园林设计，为人们打造一个舒适轻松的商务、休闲空间。

品牌定位： 喜悦餐厅本着“国际、品质、艺术、亲和”的四项要素，以香港SEVVA为标杆，致力打造深圳本土高端西餐酒吧品牌。糅合臻致菜式与高级西餐风格，创造中菜西吃的新派菜系，带来了新的味觉盛宴。内部装修设计体现当代时尚文化氛围，令人心旷神怡的室内外园林设计以及高端专业音响，共同创造出一个高雅而又轻松安逸的消费环境。

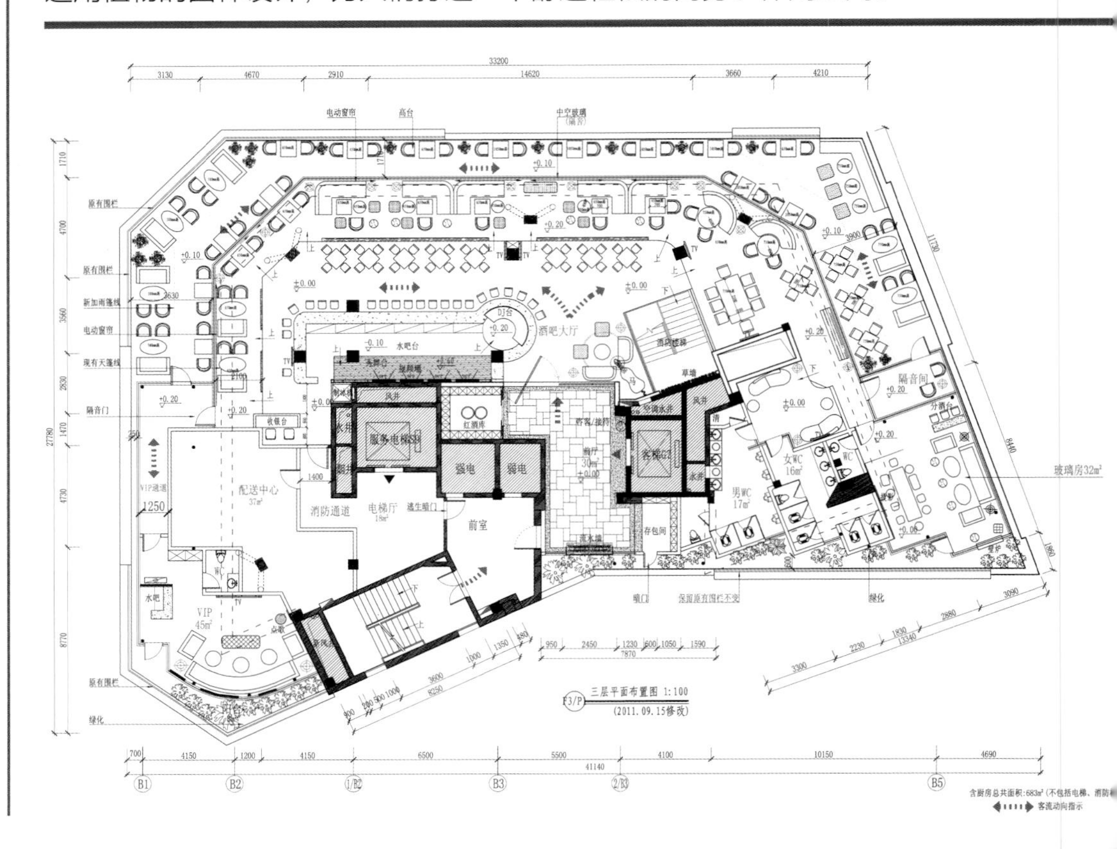

多样化区域

项目位于深圳最繁华的商业区——万象城内，在一二楼错落的门店中探出的LOGO，虽不张扬，却清朗笃定。旋转大门钝重端庄，吧台和私人就餐区在统一的风格中做了微调——长条型的水吧台整齐地陈列着酒和酒杯，两排卡座衬出大堂的开阔。

私人用餐区设有多样化区域，有休闲浪漫的“二人区”；有选择丝绸质地靠背椅的“四人区”，法式座椅适合家庭聚餐；而“沙发区”是为人数较多的朋友聚餐而准备的；还设有与自然接触的室外露台区。形态多样而灵活的平面组合餐区，既保证了顾客交谈时的隐私需求，也实现了空间平面的井然有序。

自然气息空间

将活体植物大量运用于室内空间，设计高端而自然的园林景观，既是先进新技术的大胆应用，更传递出设计师的关怀与巧思。在硬朗空间里糅入盎然的生命力，是对模式化风格的挑衅，同时也让顾客体验到自然的气息与妥帖的慰藉。

新古典风格

设计师通过精致选材和内敛用色，奠定了项目以新古典风格为整体基调。紫铜造型树叶散落在波斯海浪灰大理石上，大片绿色植被织就成一整面“会呼吸的墙”，伴随着潺潺流水声，消解了室外钢筋水泥森林的疏离感。

品牌定位：Jazzissimo酒吧位于蒂米什瓦拉新近翻修的Theresia堡垒，经过精心设计，抓住了消遣娱乐概念的本质。酒吧被原有的三个世纪前修建的沃邦式堡垒所包围，现代化且精细的室内设计令人印象深刻，对于顾客有着较强的吸引力。

新派复古

罗马尼亚Jazzissimo酒吧

项目地点：罗马尼亚蒂米什瓦拉
项目面积：350平方米
设计单位：Ezzo Design
主要材料：木材、皮革
采　　编：Ezzo Design
采　　编：陈惠慧

该酒吧空间的设计注重氛围感的营造，拥有悠久历史的堡垒为项目带来了复古的气息，设计手法上则偏现代化。两大独立区域，通过色调和材质的不同，展现出大气硬朗和朝气蓬勃两种不同的气质。一些特殊区域如男厕所的便池所采用的长号形状的设计，加上温馨的灯光和色调，突出了项目的趣味性和精致品质。

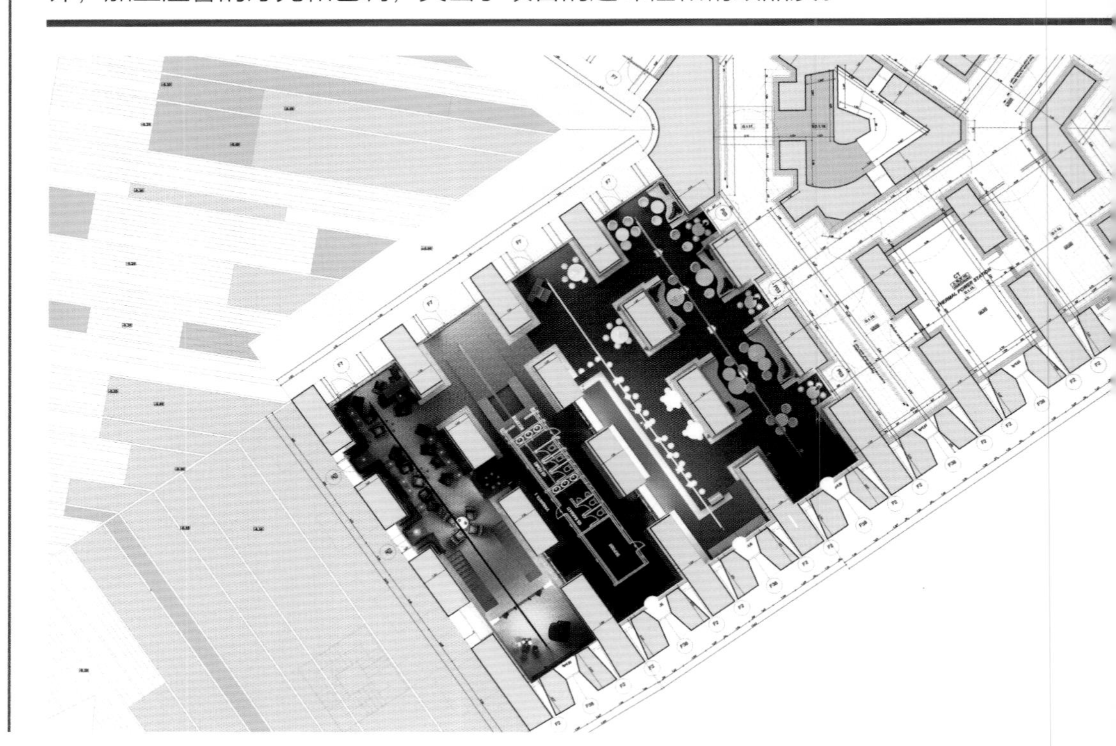

JAZZISSIMO
lounge

装置艺术

餐厅墙面所制作的装置艺术以“垂直流动”为概念主轴，设计师以多层次白灰基调的人造皮革管子，构成一连串的垂直视觉体验。这种具有雕塑概念的装置艺术，由餐厅入口到用餐区，成为餐厅室内空间的皮肤。设计师提供的是一种竖向垂直流动的视野，也是对人们日常生活模式的一种反思。

电影主题布局

整体设计延续未来世界电影概念主题，将影射剧情的网状物、输送带、垂直装饰物转化在空间中。从天花板上一颗一颗的镜面玻璃球，延伸到多层次灰白基调的墙面造型，对比之后以墨黑皮制座椅作为视觉所及的句点。

空间中央区的吧台造型以未来世界的弧形语汇优雅地呈现科技美学，镜面底板搭配白色人造石桌面，简洁低限的材料，呈现一种时尚的未来美感。吧台的对面是一个大玻璃盒子，内部为一条通往地下层的输送带型电扶梯，在餐厅里可以透过玻璃看见双向流动的人群，从另一个角度呈现了电影情节中的黑色幽默。

设计概念

项目的概念来自一部四十年前的电影《未来世界》，它描述的是随着未来科技的发展，机器人逐渐渗透进人类社会，甚至取代人类，成为人类仿冒者，在世界发号施令。设计师将电影情节融入空间，把电影中那些不容易领会的黑色幽默融入到空间创意中，发挥了极大的想象力。

未来世界

上海港丽餐厅虹口龙之梦店

项目地点：上海虹口区
项目面积：800平方米
设计单位：古鲁奇公司
主要材料：玻璃、白色人造石、人造皮革

供　稿：古鲁奇公司
摄　影：孙翔宇
采　编：田园、张培华

本案将从电影中获得的灵感概念，包括电影中的未来元素与黑色幽默，在想象力的包装下，运用到整体的空间氛围中，成功地将电影情节、艺术、设计融为一体。不仅可以让顾客享受独具趣味的就餐环境，也为餐厅设计树立了一个新的时尚标杆。

品牌定位：来自香港的港丽餐厅是一家专营港式料理的品牌，在北京与上海都已有大量的粉丝。该品牌的餐厅装修一向简洁大气，与精致的菜肴相得益彰。本案的设计中设计师给予了项目一个有趣的概念“未来世界”，空间想象力因此得到极大的发挥，为地区创造了一个新的时尚焦点。

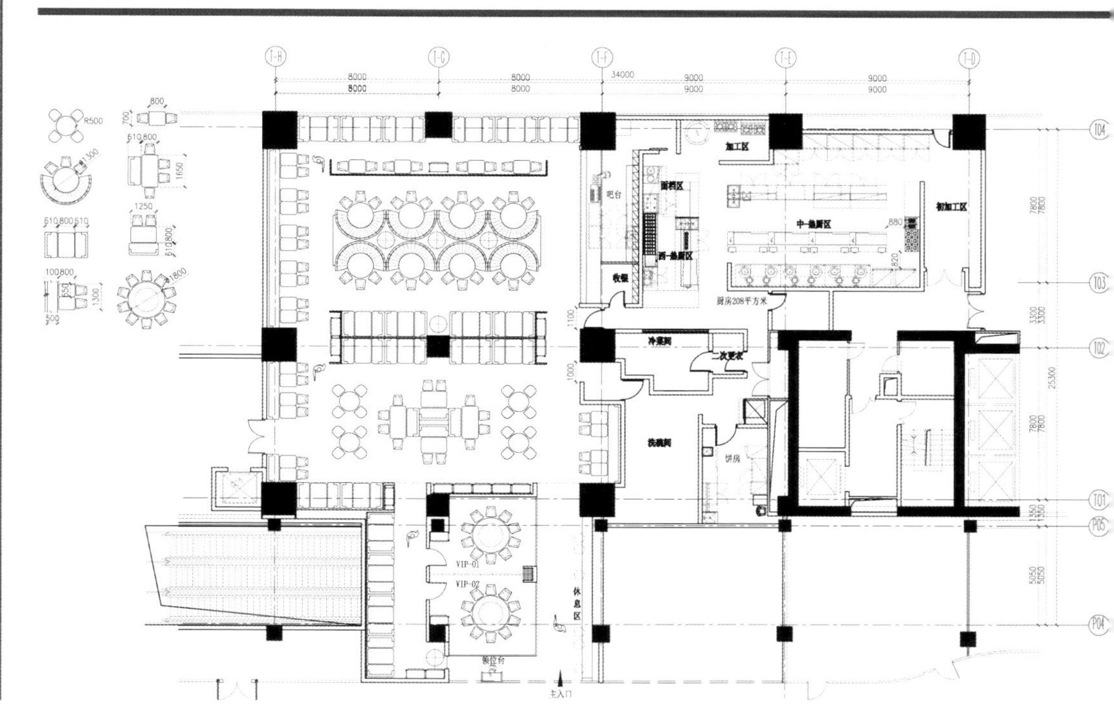

特殊区域设计

在爵士区有一个隐蔽的贵宾吸烟室，供应威士忌酒和上等雪茄烟。在这个小型吸烟室上方是一个舞台，是针对艺术家的友好欢迎区，上演绝对经典的跳舞派对，爵士乐成为该区域的主导力量。男厕所里的小便池设计成长号的形状，符合绅士风度，温馨的灯光和色调同样反映出精细化设计。女厕所采用天然材质，细节设计精美，充满了淡淡的复古风。

JAZZISSIMO
lounge
JAZZISSIMO
lounge

精致氛围

设计旨在建造一个可容纳100人左右的优雅清新环境，同时酒吧还有不少不可忽视的特点。设计师通过对空间的整体设计，营造出一个更具氛围感的空间。褐绿的色调和圆形木器的精细让整个空间看起来愈发精致。

两大独立区域

该酒吧有着亲密的空间组合。爵士区和酒廊俱乐部是其两大独立的区域，其色调和材料融合在一起，为客人们提供了两个不同的娱乐空间。每个区域的设计都融入了设计师的情感，展示出两个不同的独特造型：爵士区的大气硬朗以及酒廊俱乐部的朝气蓬勃。

JAZZISSIMO
lounge

品牌定位：项目是一间商务酒店的一部分，公司对该酒店进行了重新设计，将其重新定位。设计策略旨在通过室内设计风格为这间已经广受欢迎的酒店创建新的标识，使其成为城市餐饮的新宠，从而推动酒店的商业活动。

光之韵律
印度MEZBAN餐厅

项目地点：印度喀拉拉邦卡利卡特市
项目面积：260平方米
设计单位：Collaborative Architecture

供　稿：Collaborative Architecture
摄　影：Lalita Tharani
采　编：谢雪婷

项目为了创造高效的环境和便利的室内设计流线，座位重新分布定位，巧妙地融入线性的空间布局之中。灯光的设计是整个项目设计的亮点，室内灯光排布成极富韵律感的波浪形，让室内更为通透立体，为食客提供一个灵动而优雅的就餐环境。

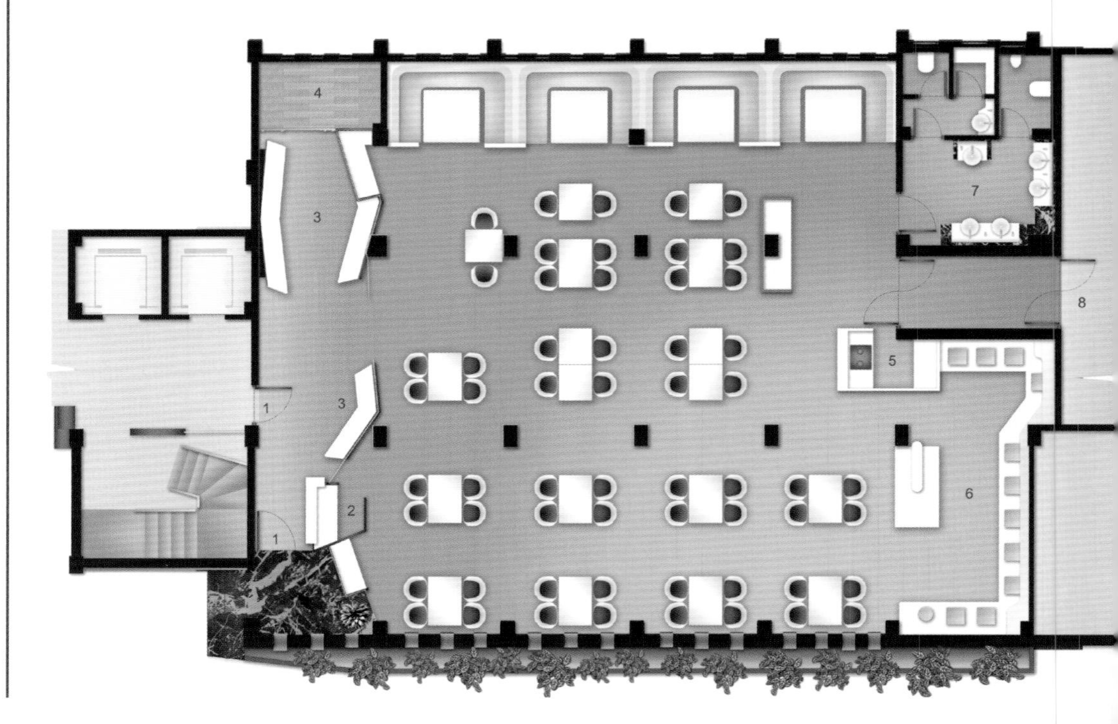

线性布局

项目位于印度喀拉拉邦卡利卡特市。为了创造高效的环境和便利的室内设计流线，设计师将座位的排布进行了重新的定位。四人制及二人制餐桌取代了八人制和六人制餐桌，将所有的餐桌拼在一齐，巧妙地融入线性的空间布局之中。等待休闲空间从餐厅的内部空间塑造延伸出来，等候就餐的宾客可在此清楚看到餐厅内部情况。

别致灯光

灯光的设计是整个项目设计的亮点，立面设计、空间布局与灯光的设计和排布都有着密不可分的关系。室内设计中，虽然单个灯具的设计并没有什么特色，却被排布成极富韵律感的波浪形，使餐厅之前的简约风格发生了转变，灯光创造出起伏的地势和魔术般的照明效果，让人顿时感觉到了空间的流动性，成为室内设计的点睛之笔。室外的墙面设计新颖别致，灯光的设计沿着室外的墙体分布起伏，像千万个月亮挂在墙上，称其为“千月墙”，为立面设计增添了明显的特色。

品牌定位：项目是洲际大酒店内一家翻新的日本料理餐厅，洲际大酒店作为一家五星级的酒店，为顾客提供的是高端时尚的服务，这项翻新工作旨在为客人提供一个宁静的绿洲，为他们带来最棒的用餐体验。雕塑家野口勇的作品给设计师带来了一定的灵感。

沉静和风

马来西亚吉隆坡 Tatsu日本料理餐厅

项目地点：马来西亚吉隆坡洲际大酒店
项目面积：587.36平方米
设计单位：Blu Water Studio Sdn Bhd
主要材料：黑色花岗岩、碎竹、米纸

供　　稿：Blu Water Studio Sdn Bhd
摄　　影：Lin Ho
采　　编：谢雪婷

作为一家翻新的日本料理餐厅，空间的设计灵感来自于雕塑家野口勇的作品。设计师将空间分层排布，利用灯光来强化私密、温馨的用餐氛围。空间使用天然材质，反映了丰富的日本传统艺术，与沉静的色调一起，营造了一个宁静、轻松的用餐环境。

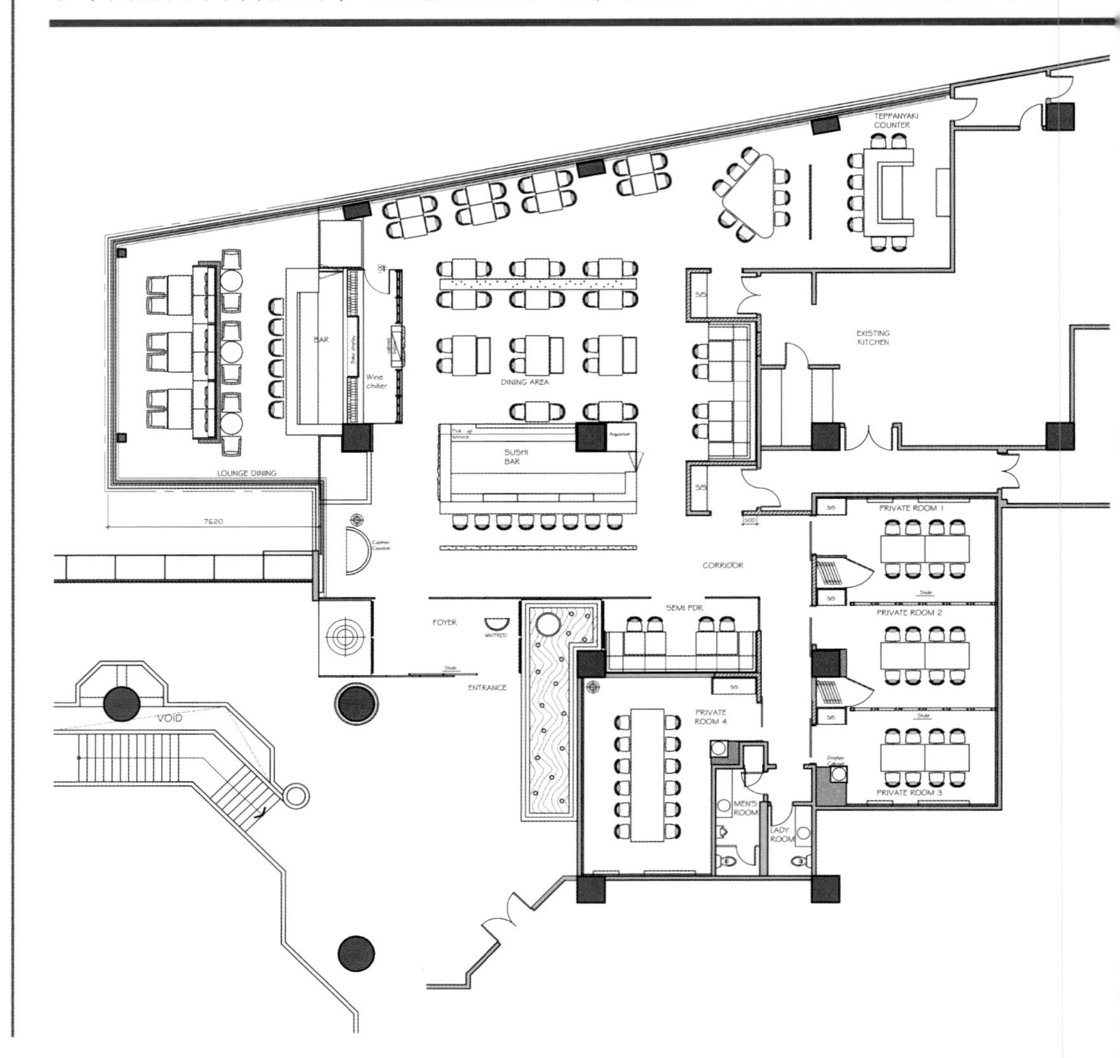

公共餐区设计

餐厅位于喧闹的吉隆坡市中心，营造私密时尚的空间是设计师的追求。整个餐厅空间分层排布，灯光加强了用餐氛围。入口处镂空的大屏风，与实木地板与深色地毯交错的铺排手法一道，大大的增强了空间的穿透性和层次感。进入餐厅，客人的注意力集中在寿司酒吧上，酒吧的建筑材料是花岗岩，带有长长的实木吧台。由于采用底部照明的方法，加上厚重的体量，酒吧看起来像浮在地板上。层叠式空间设计使用单个的聚光灯照亮每张餐桌，强调出亲密气氛，蓝色的室内装潢同亮色的木制家具完美相衬。

寿司酒吧后边是一个开放的用餐区，以定制的清酒杯为特色。玻璃制成的清酒酒架，将主要用餐区及酒廊分隔开来，更多随意的座位和软装饰使空间充满轻松自在的氛围。周边窗口的顶部是堆叠的清酒瓶组成的屏风，沿着这道屏风一直走就能到达铁板烧柜台。垂直的屏风将餐厅的角落同大型的公共餐桌划分开来。

私人包间装饰

相比优雅静谧的环境，在特殊时刻餐厅还会安排四间私人用餐包间。其中三间能改造成大的用餐厅，每一间都装有米纸制成的大型吊灯，灯光让人倍感温馨。墙面涂料的设计与丰富的日式传统相融合，深色的木材被垂直削减成樱花图案。最大那间用餐包间的中心装饰品则是实木制成的餐桌，透着天然质朴的味道。

材质与色调

空间的翻新设计反映了丰富的日式传统艺术，比如天然的材料被贯穿使用于盥洗室，立面的洗脸盆设计包含了传统的日式陶瓷元素。碎竹、深色木材以及米纸虽采用现代方法加工，但表现出对传统的尊重。餐厅表面的设计灵感来源于传统习惯，与沉静的色调和谐相处，微妙灵巧的照明设计进一步增强了这种和谐氛围。

品牌定位：餐厅定位为高级的牛排馆，它供应给顾客的是享誉全球的神户牛肉，与这种顶级美味对应的是餐厅整体低调优雅的氛围。业主的要求是希望用真材实料创造出高品质且高贵的室内空间，设计师根据业主的要求做了部分调整，打造出更具质感的空间。

典雅质感

日本东京银座田岛牛排馆

项目地点：日本东京银座
项目面积：103.95平方米
设计单位：Doyle Collection
主要材料：马栗树木材、Oya石、大型七叶树的实心面板

供　稿：Doyle Collection
摄　影：Satoru Umetsu/ Nacasa&Partners
采　编：谢雪婷

本案使用了大量独具特色的材料，设计师积极与业主沟通，将实心面板替换原本计划的石材，用作空间墙壁的建筑材料，这种材料与众不同的纹理为空间带来了高贵的质感。同时，一些具有日本特色的材料，如Oya石被使用在空间中，与木材相互配合，成就一个具有高品质的室内空间。

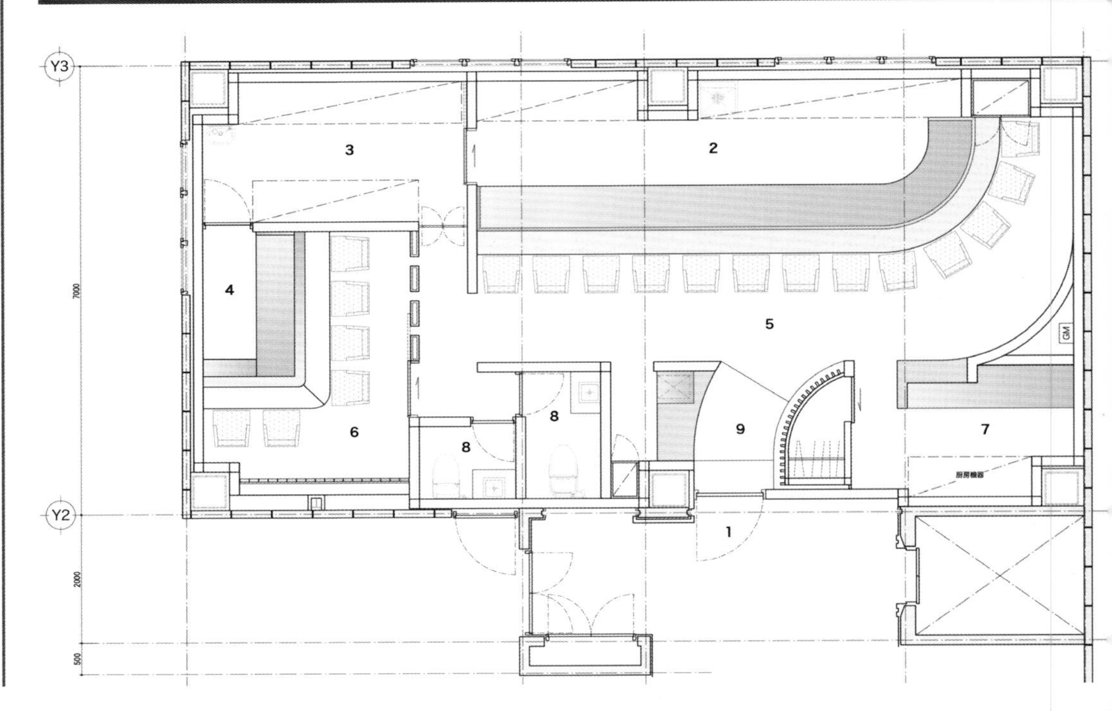

格局与氛围

项目位于日本东京银座，这里是东京最繁华的商业区和美食老店集中地。餐厅除了在食物供应上突出自己的特色，也需要一个相映衬的空间设计。整个空间的氛围典雅，入口处的木板门颇有光泽，令人印象深刻。吧台座位呈圆圈状排列，整体上给人一种紧凑感和柔和感。吧台的顶板由150年的老七叶树制作而成，带来一种久远的年代气氛。在私人用餐包间，灯光将材料的特点最大化，内部的空间设计包含了各种各样的组成部分。

特色材料

设计师在对业主做了一定的了解后，提出用实心面板而不是石材来作为餐厅空间墙壁的建筑材料，除了墙壁，在吧台的制作中也有使用，它使餐厅内气氛显得更加高贵。设计师们用马栗树木材做底，这些木材具有不同的纹理，既具有大理石的外貌，又具有木材的柔和度。之后，设计师们还对这些材料进行了抛光处理，使材料显得与众不同。

除此之外，设计师还避免了使用普通的石头，而是选择Oya石，一种非常著名的日本石材。各种大小的Oya石与颇具光泽的木面板形成鲜明对比。在私人餐厅里，整面墙壁都是由半透明的石头组成的，再使用方形的镜面管使石材释放出无限的美感。

时尚艺术基地

墨西哥 Morimoto Mexico City

项目地点：墨西哥首都墨西哥城
设计单位：Schoos Design

摄　　影：Hopper Stone
采　　编：田园、张培华

项目突破空间的限制与障碍，设计在空间摆放大量烛台，并采用尖角型架构几何型设计，凸显时尚的现代主义风格。并通过高级定制的摆设，使整体空间散发出浓烈的艺术气息，让食客在享受美食的同时，也沉浸在艺术的饕餮大餐中。

品牌定位：Morimoto Mexico City是日本名厨森本正治管理世界各地八间以他名字命名的餐厅之一，他创作出一套美食哲学，是当今世界级厨师之一。森本以传统日本料理配搭西方食材，制作出一系列日式美食，获评判一致好评。并在日本及美国电视烹饪节目《料理铁人》中享负盛名，拥有独特和卓越的烹饪风格。

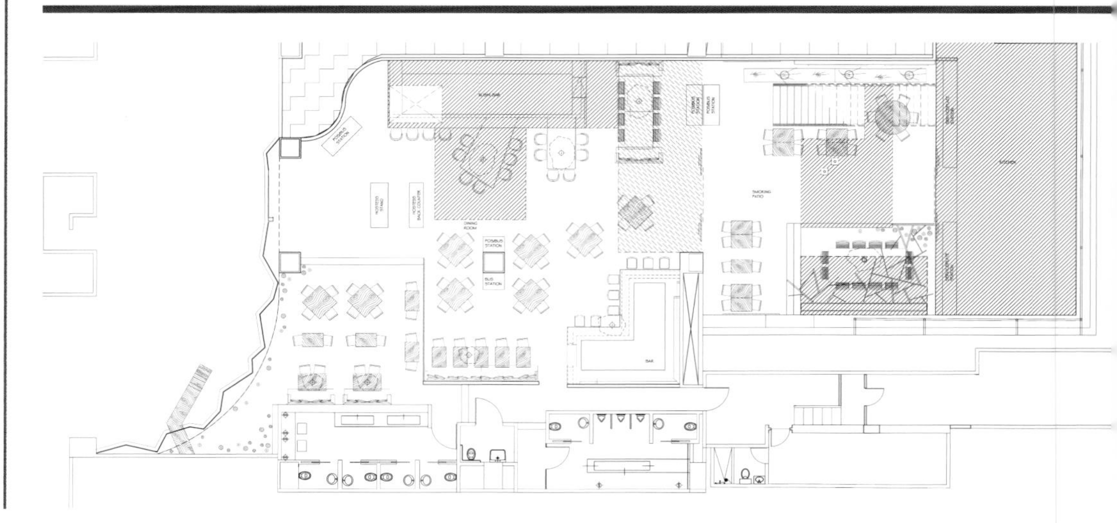

木结构分区

项目位于墨西哥首都墨西哥城的一家酒店内，餐厅本身的位置是一个洞穴状的大房间，带有23米高的玻璃天花板，没有任何现成的内部结构。这一巨大的空间需要分成不同的功能区间才能成为一家餐厅。

设计师通过设置一个几乎独立的木制结构才实现了功能分区，这一结构类似于一系列环环相扣的盒子，就像一个打开了侧面的日式便当盒，将整个空间分成三个错层上的四个用餐区。木制平面全部由相同的法国白色橡木板制成，因此天花板可以当成墙壁，墙壁又变成了地板，而地板同时成为下层空间的天花板。餐厅前的长木凳刻有一串字母，拼成了餐厅的Logo，森木的单词——Morimoto。

烛台的光芒

玩弄空间规模，突破空间障碍以及挑战逻辑思维提升了该项目设计的趣味性。地板上的多个位置摆放了巨大的烛台，有些烛台大到可以成为柱子，甚至直接穿透了天花板，出现在上层空间的地板上，变成餐桌的桌腿。照明灯具通过长链挂在天花板的脚手架上，这些长链穿过天花板和上层楼面的孔洞，可以照亮下面一层的空间。

尖角模式

鉴于头顶上有小面的天窗，餐厅里的许多物品设计成具有尖锐的角以及小块平面的样子。比如，天花板上悬挂着一系列大型的黑色灯具，这些灯具表面被雕琢成珠宝的样子，沉闷的黑色外表突出了灯具内部非常光洁且呈块面状的黄铜质地，就像晶球里的水晶。黄铜餐椅经过高度抛光处理，设计成有尖角的“b”字母形状，呼应餐厅的尖角型架构，甚至室内装潢也采用尖角模式。

艺术品装饰

餐厅还设置了几大引人注目的原创艺术品，比如一系列Schoos的大型画作，其中一幅画在一面墙上延伸到45英尺的高度，然后向右拐继续延伸到上面的用餐区。还有关于绳缚艺术的设计，由粗细不一的白色绳索组成，绳索上涂有少量黑色油漆，从楼下寿司吧的墙面开始，穿过玻璃窗，到达45英尺高的立体画作的金属扣眼时缠绕在一起，然后继续延伸到上层空间周边的用餐区，将餐厅的所有空间连结成一个整体。

柔美节奏
濮阳形隐餐厅

项目地点：河南濮阳
项目面积：3000平方米
设计单位：河南东森装饰工程有限公司
设 计 师：刘燃

主要材料：石材、玻璃、优质皮革
供　　稿：河南东森装饰工程有限公司
采　　编：方燕

品牌定位：形隐餐厅是一家中高档特色餐厅，本着弘扬民族饮食文化、打造原生态健康饮食的宗旨，秉承良心品质、诚信经营的品牌意识，使更多的顾客实实在在的享受到健康饮食。

项目以统一为初衷，保持元素与材质的一致性，后期平面结构则采取曲线的设计手法，让空间氛围变得唯美、清净。加上无痕设计，使曲线变成空间变化者，同时也是空间的连接点，形成独有的视觉空间魅力，把人带到一个一尘不染的世界中。

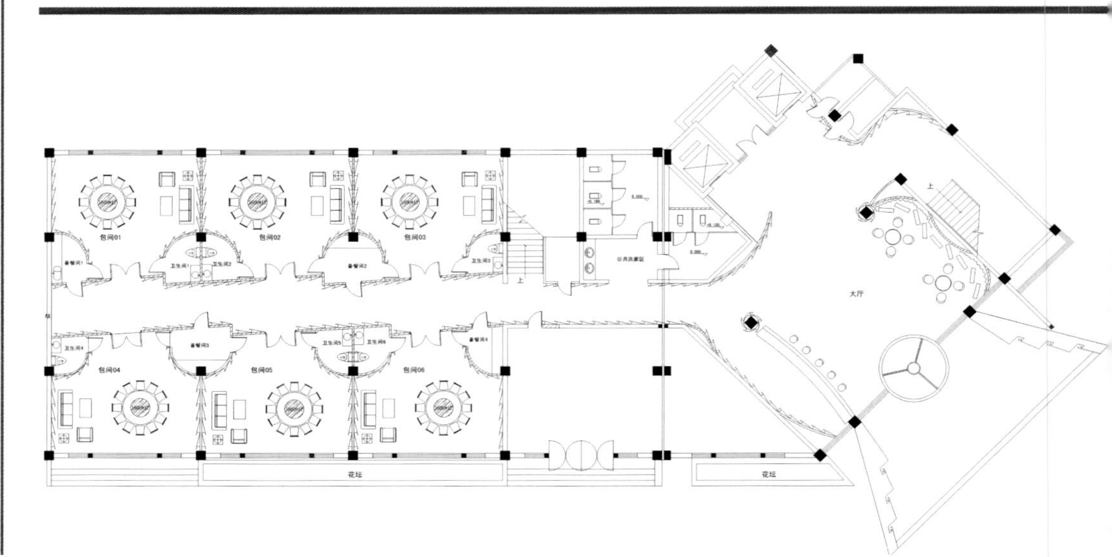

空间一致性

项目位于河南濮阳，项目设计的初衷就是统一，保持元素与材质的一致性，唯一变化的就是后期平面规划的结构，采取曲线的设计手法，让顾客身在整个空间中感受到唯美的氛围，忘记空间形式及材质的存在。大堂空间宽阔，柔和的色彩让人感觉清新干净；走廊蜿蜒而富有变化与韵律；包间各有风格，色彩明亮、纯粹。设计师塑造一个犹如音乐般的起伏空间或女子般的柔美空间。

曲线设计

设计师力求使用简练的设计形式语言，定位做到：净、纯、亮、美之深邃。“鱼鳞般的形体”成为空间的主宰，从大堂到每一层步廊再到每一层餐间，曲线是唯一的变化者，也是空间的连接点，形成独有的视觉空间魅力，故设计无痕，忘乎于空间形式，把人带到一个一尘不染的世界中。空间中的元素、材质似存在又似不存在，其内心触到心灵纯洁的灵魂深处，同时达到设计的初衷。项目另外一个重点就是通过灯光的营造，配合曲线的变化，使整体空间不再单调和枯燥。

灵动的曲线

法国巴黎Phantom餐厅

项目地点：法国巴黎加尼叶歌剧院
项目面积：1 100平方米
设计单位：Odile Decq Benoît Cornette Architectes Urbanistes
主要材料：玻璃、不锈钢、石膏

供　稿：Odile Decq Benoît Cornette Architectes Urbanistes
摄　影：Roland Halbe
采　编：谢雪婷

项目的设计要求必须保证原有结构的完整性，设计师从这一角度出发，尊重古老空间的设计传统，运用当代建筑设计方式，通过石膏、钢筋等材料呼应建筑原有的曲线，圆形的拱顶带来丰富的空间感。醒目的红色座椅、长凳和地面营造了一种戏剧性的效果，让客人们联想到曾经在这座剧院上演的剧目——歌剧院幽灵。

品牌定位：项目是在加尼叶歌剧院这种老建筑中兴建一个新的空间，因此必须严格参照历史建筑装修标准：设计师不允许损坏任何结构——墙壁、柱子、天花板，以保证原有结构的完整性。设计师在种种约束下，希望提供给顾客一个具有空间感的用餐区域。整个空间有着万千变化的柔软曲线，就像“幽灵”一样，沉默而隐伏，并且呼应餐厅的名字。

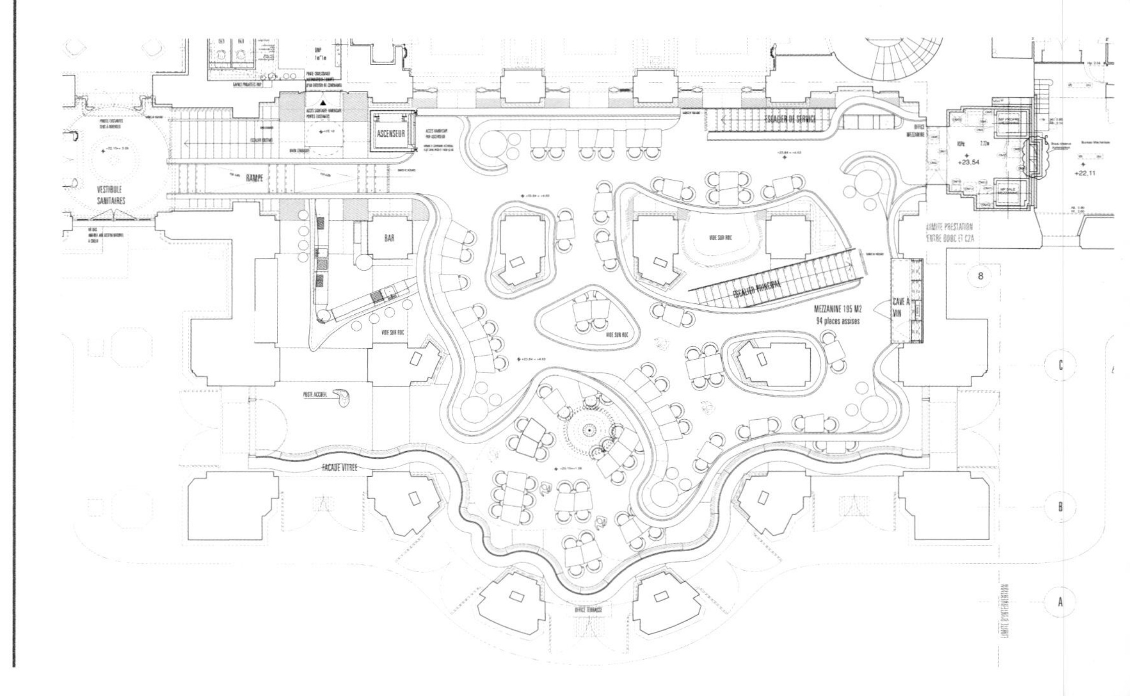

色调和布局

空间色调分明，上层弯曲的云形石膏体量采用红色色调，形成亲密的私人空间。红地毯一直蔓延至地下层黑色的地面，沿着桌子底下延展，直至建筑立面的边缘。餐厅后面最靠近歌剧院入口的区域变得更加私密，与餐厅内其余的白色空间形成对比。红色长凳形成这部分空间的主要装饰，构成“休息室”功能空间。休息室外围空间设置着一张黑色长吧台，环绕附近的一根柱子而设。

传统感现代设计

项目的空间设计并没有模仿古老空间的设计方式，而是采用尊重的态度，运用当代建筑设计方式，向传统设计风格致敬。狭窄的柱子沿着塑形石膏壳向上延展，弯曲的石膏壳形成栏杆的边缘，在圆屋顶下滑过，形成云形体量，漂浮在空间中，同时，并不碰触历史悠久的墙面、柱子和天花板。它如同幽灵，戴着白色的面纱悄悄地在空间滑过。玻璃镶嵌在一条挠曲钢筋上，铺满拱形弯曲的天花板。最后呈现在人们眼前的餐厅结构几不可见，整个餐厅仿如漂浮在地面上，显得如梦如幻。

夹层被设计成连续的表面，以提供更多用餐空间。夹层空间柔和而千变万化的曲线悄无声息地覆盖着整个餐厅，形成圆拱，呈波浪形地漂浮在宾客头顶。整个空间显得开阔而开放。无论是坐在底层空间还是上层空间，现有的圆屋顶都清晰可见，甚至是触手可及。当坐在靠近石制拱形天花板的位置，人们又发现圆屋顶并不是对称的。当参照点改变，空间感也随之改变。

都市时尚中心

台北F2E2 LOUNGE

项目地点：台湾台北
项目面积：300平方米
设计单位：伊太空间设计事务所
主要材料：黑镜、黑玻璃、文化石、印度黑石材、不锈钢、喷沙玻璃、钢琴烤漆、木地板、墙面绷皮/绷布、雪白银狐石材

供　稿：伊太空间设计事务所
采　编：谢雪婷

品牌定位：项目定位为一个舒适、浪漫、富有情调的酒吧，因此在设计上主要定调为时尚。在市中心的地段，沿街的立面往往是争相纷扰。但是本案却引用都市设计的概念，利用退缩的手法，门面反而更凸显在热闹的台北街道立面里，更能吸引来往过客的目光。

餐厅定调为时尚，除了在外观上利用都市设计的退缩手法，凸显设计的与众不同以外，内部的格局也十分现代，最具特色的水上VIP玻璃包厢，为顾客带来独特的观赏效果。此外，项目的材质使用考究，色彩跳跃，相配合的灯光设计尤其出彩，突出了项目精致时尚的特点。

时尚分区

设计师将入口设计成虚怀若谷的退缩，由这个主入口进入LOUNGE，沿途可以欣赏水上的VIP玻璃包厢，加上一处水景区，这里是本案最具特色的一个地方。进入到主空间，独立的吧台呈现出现代的造型设计，强调酒吧时尚的调性。另外，空间中还分布着DJ区、VIP中型包厢、VIP大型包厢、一般座位区、舞池、厕所等，全方位满足顾客的需求。

精致装饰

整个空间被充分利用，精致而又不失干净利落，这些离不开各种材质的搭配，像黑玻璃、文化石、钢琴烤漆、墙面绷布、雪白银狐石，是空间中不可替代的部分，为空间增添高贵的气质。

空间的色彩十分跳跃，灯光配合这些色彩舞动，营造出别样的风景。大厅简单明亮、休息卡座素雅精致，为每一个细小的分区空间量身定制的各式灯具让整个空间充满了趣味。

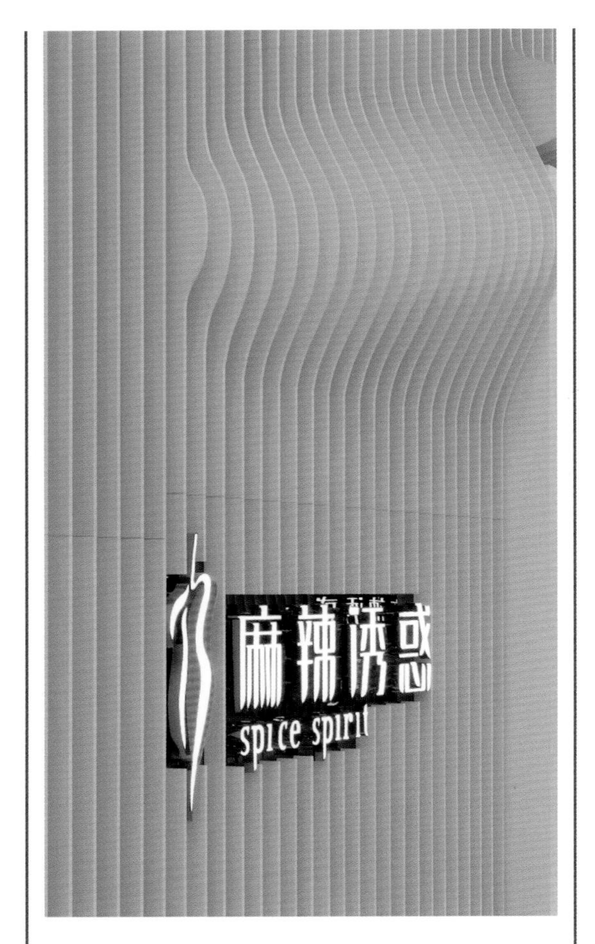

曲线魅力

上海麻辣诱惑虹口龙之梦店

项目地点：上海虹口区
项目面积：850平方米
设计单位：古鲁奇公司

供　稿：古鲁奇公司
摄　影：孙翔宇
采　编：田园、张培华

项目设计将女性体态曲线移植到空间概念上，在移植原有品牌语汇的同时加入了中国太极的概念，即是在原有阴柔的基础上融入阳刚的多角砖堆砌，利用太极阴阳虚实的关系，寻找一种堆砌与互补的秩序及空间填充的概念，给食客提供一个和谐、舒适的用餐环境。

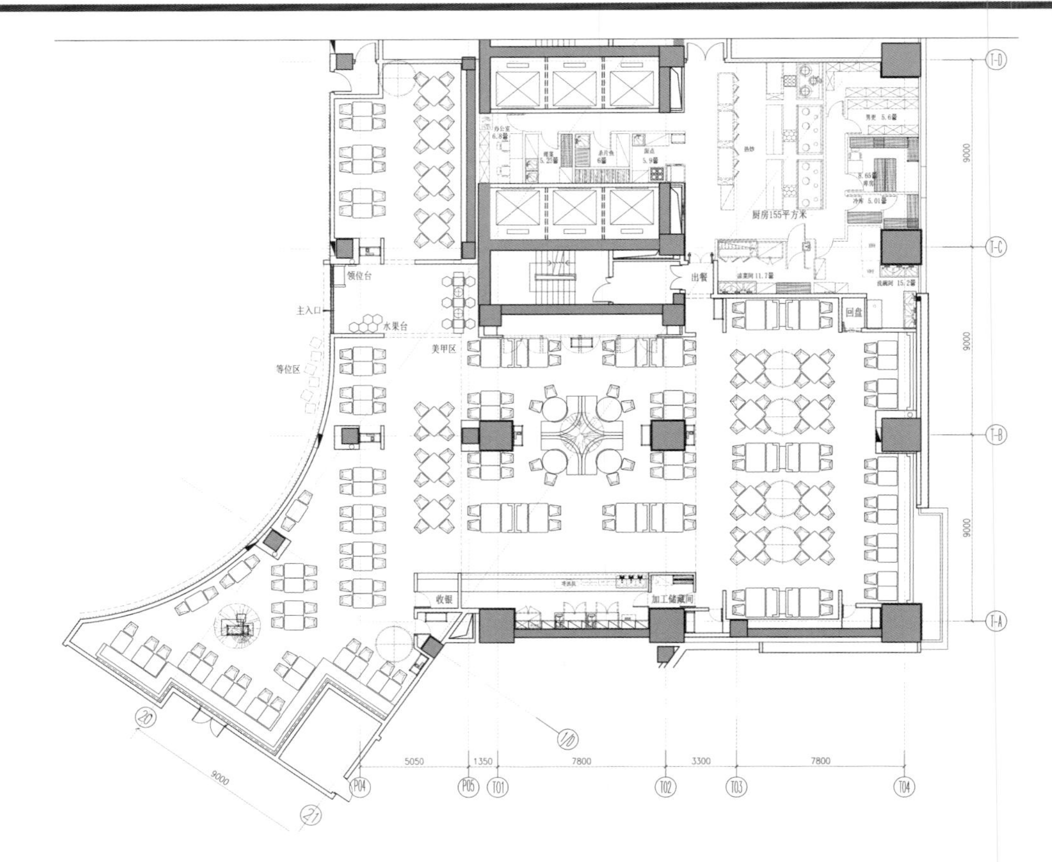

品牌定位：麻辣诱惑集团由2002年创始于北京，旗下品牌包括麻辣诱惑品牌餐厅、麻辣诱惑食品和麻辣诱惑滚烫秀火锅三大高端品牌，是中国最具发展潜力、值得信赖的餐饮服务管理集团。推出的菜系为水煮鱼、香辣盆盆虾、麻辣诱惑蛙等麻辣口味特色菜品，受到了麻辣一派的认可和喜爱。目前麻辣诱惑已经在北京、上海和天津拥有几十家门店，具备连锁规模。

主题区域

项目位于上海虹口区龙之梦购物城内。项目根据太极阴阳的理论、餐厅色调设计，以及隐喻着男性与女性的线条特点，将设计用餐空间分割成三个区域，密实的多角体墙面纵向围合成为中心用餐区域，这一作法使得扮演男女的主题元素彼此交融、密不可分，完成了由意象到具象的完美过渡，让食客置身于氛围和谐的用餐环境中。

太极概念

设计师希望以中国传统太极概念作为基础，使用当代时尚元素具象的表现方式，让宾客在优雅的空间里享受“麻辣”同时感受到餐饮品牌思想的“诱惑”精髓。设计采用两种元素，一种是白色曲线板，板子之间的镜子为了强调太极“阴”与“虚”的女性概念，曲线的构成来自麻辣诱惑品牌LOGO。设计师运用现代的手法演绎品牌形象与女性曲线的基本结构，墙与顶面大量的曲线强调了人体美学，面的曲线来自纵向曲线的迭层，借强调女性躯体曲线之美，勾勒出简单和自然的状态。另一元素是紫色多角砖的堆砌，实的堆砌与大体量表现的是太极“阳”与“实”的男性概念。

清雅之境

北京天水雅居

项目地点：北京市
项目面积：2 500平方米

主要材料：细花白石材、白色开口漆木饰面、布艺硬包、玻璃、钨钢
采　　编：方燕

整个项目突破以往餐厅空间只注重奢华感视觉空间的营造的模式，在设计上追求给顾客更多的感官享受。整个空间的设计理念以祥云为主，在墙面、天花、甚至灯光的装饰上都有所呼应。空间色调以淡黄、白、黑为主，淡雅清新中为顾客营造一个轻松舒适的就餐环境。

品牌定位：天水雅居品牌特征——和谐发展，令人愉悦，格调雅致，大气内敛。水鲜生态概念餐饮连锁是天水雅居的经营特色定位，水鲜主要指江鲜、湖鲜、海鲜等。以往餐饮空间环境的营造往往只注重视觉空间的营造，通过不断的形式变化来营造所谓的奢华感。本案的设计突破了这种旧的模式，希望可以满足顾客视觉、听觉、味觉、触觉等五个方面的享受体验。

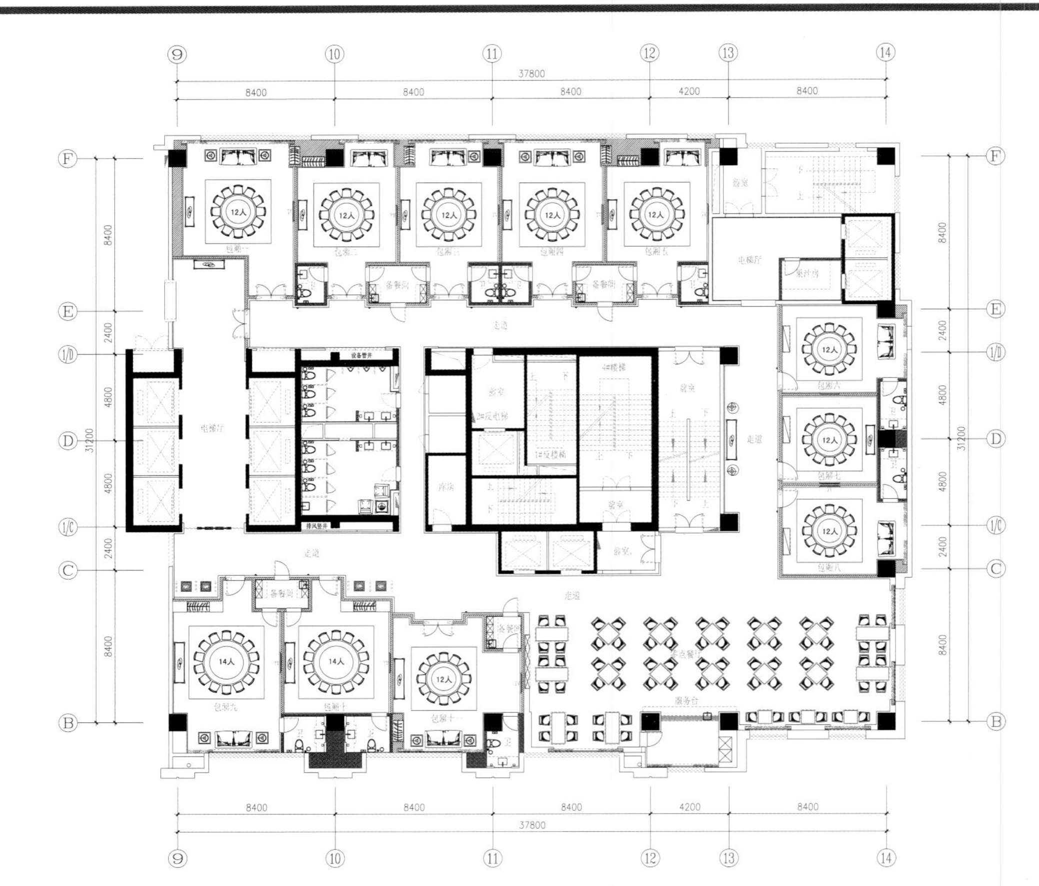

装饰纹样

整个餐厅的设计理念以祥云为主。从天花板、墙面到镜子、家具上都可以看到祥云的纹样，给人一种清新雅致的感觉。鱼形装饰也大量出现在灯饰和门上，这与餐馆的主营菜品“水鲜”相呼应。

主色调

餐厅使用的色彩以淡黄、白、黑三色为主，没有过于华丽的色调，简单的色彩勾勒出项目独特的高贵气质。空间的线条自然流畅，柔和的光线营造出舒适放松的用餐氛围。

人文创意之“家”

香港The Loft餐厅

项目地点：香港东涌东荟城
项目面积：3 927平方米
设计单位：何宗宪设计有限公司
主要材料：油漆、木地板、胶地板、木皮、墙纸、可丽耐、清玻璃、清镜、布料、人造皮、木纹防火胶板、地砖、亚加力胶、石材、不锈钢

供　稿：何宗宪设计有限公司
摄　影：Dick
采　编：陈惠慧

项目把本来的空间营造成的“家”的环境，在宽敞和开放的大厅进行巧妙的设计布局，散发人文、温馨的居家气氛。通过不同的斜屋顶的形状、鲜艳的红色、木纹地砖和红砖墙等刻画出了餐厅独有的简约别致格调，为客人带来犹如在家一般的用餐享受，既轻松又愉悦。

品牌定位：设计师的灵感主要来自原有的建筑结构，以美国纽约的废弃工厂改造屋（Loft）作为创作蓝本，崭新的阁楼（Loft）设计巧妙地配合餐厅的根本理念。设计师结合品牌贴切、时尚的定位，希望透过餐厅的室内设计演绎出饮食的新文化意识，将意大利饮食文化融入本地，餐厅的全新面貌就像一道独特的菜，有诸多的情怀和味道。

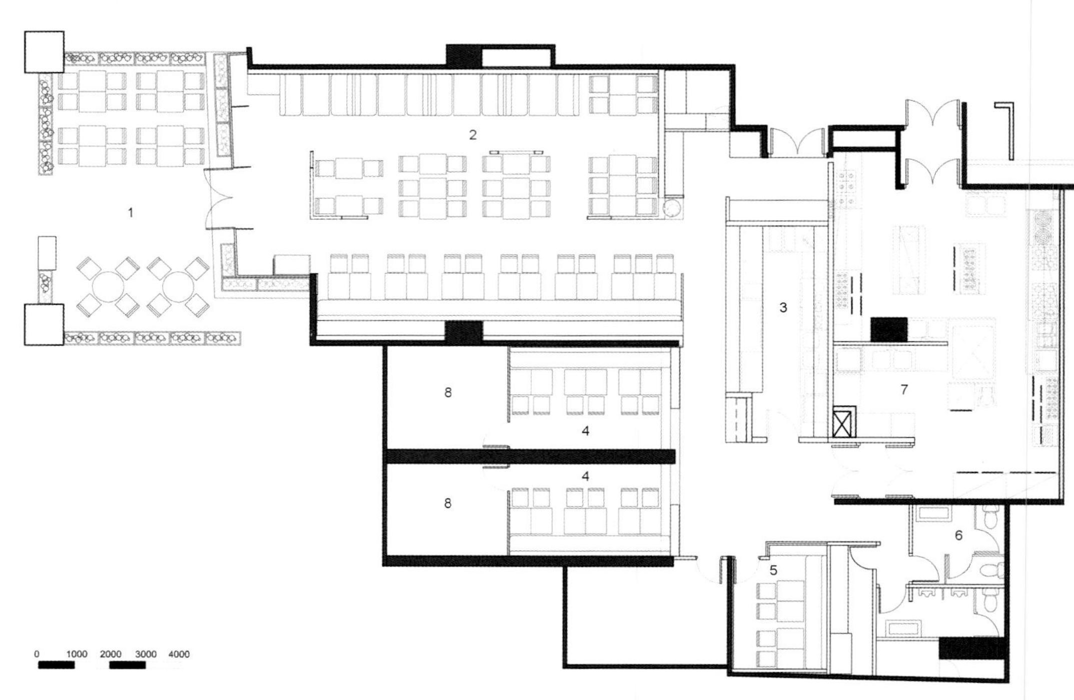

人文生活氛围

这家意大利餐厅位于香港东涌，因为寸土寸金，餐厅设计对座位的摆设要求十分苛刻。为了能同时拥有紧密座位及舒适空间，设计师很巧妙地利用"Fame work"框架设计让空间有丰富的格局，划分出半私密的用餐区形成戏剧化的空间。为了舒缓拥挤的座位，运用复古沙发成为视觉焦点，复古沙发带着格子的椅面，硬挺的马鞍板、偏硬的泡绵，搭配简约设计的桌子及椅子，形成一组独立的格局，也配合Loft的人文风。

另外，透过主题的空间如开放式吧台及图书区，能令开放式的用餐空间更有趣味性，增添了许多生活的味道。另一主题区是与开放式设计的用餐大堂形成强型对比的"阁楼"的用餐区。地面与阁楼的落差和斜屋顶结构造就了相对独立的用餐格局，可用来举办社交聚会。生活日常物品作为布置背景强调，营造悠闲的家居氛围，散发抒情生活的味道。

Spaghetti
House

Loft风格材质

红色砖墙是人们提起Loft的第一印象。所以整体餐厅的材料就以砖墙作为主角，除了陈旧的红砖墙，也增加了白色磁砖和“镜子”仿造红砖墙的效果。利用三种不同的素材排列出来的新砖墙显得有层次和突出新旧的质感。地板配合Loft的风格，选了非常粗犷又仿旧的木纹PVC地砖代替木地板，适合打理。

能量系色彩

餐厅设计同时利用灯光效果和色彩运用传达“感观讯息”。鲜艳的色彩有增进食欲的效果，所以在餐厅的颜色中运用了红色作为主调，红色较容易让人联想到美味的食物，最具开胃效果。作为单色红色充满能量，利用白色及黑色的组合能够营造出一种热情、新鲜的气氛。

城市艺术

澳大利亚墨尔本皇冠赌场Baci 咖啡馆

项目地点：澳大利亚墨尔本
设计单位：Red Design Group
供　　稿：Red Design Group
摄　　影：Dianna Snape
采　　编：陈惠慧

项目通过流线的区域设计，有效地分隔出用餐空间与功能空间，以现代手法进行打造，运用人字花纹景观墙嵌入木板、铝制照明灯、古色古香的餐桌等具有艺术元素的材质，为食客营造了舒适、轻松而略显时尚的艺术氛围。

品牌定位：位于皇冠赌场内的Baci 咖啡馆环境优雅，舒适休闲，集中高档消费于一体，经营各地出产的纯正咖啡，领略不一样的咖啡新体验。除咖啡外，咖啡馆还设有酒吧区与美食区，在这里能品尝到各类特色茶饮，以及西式美食等。

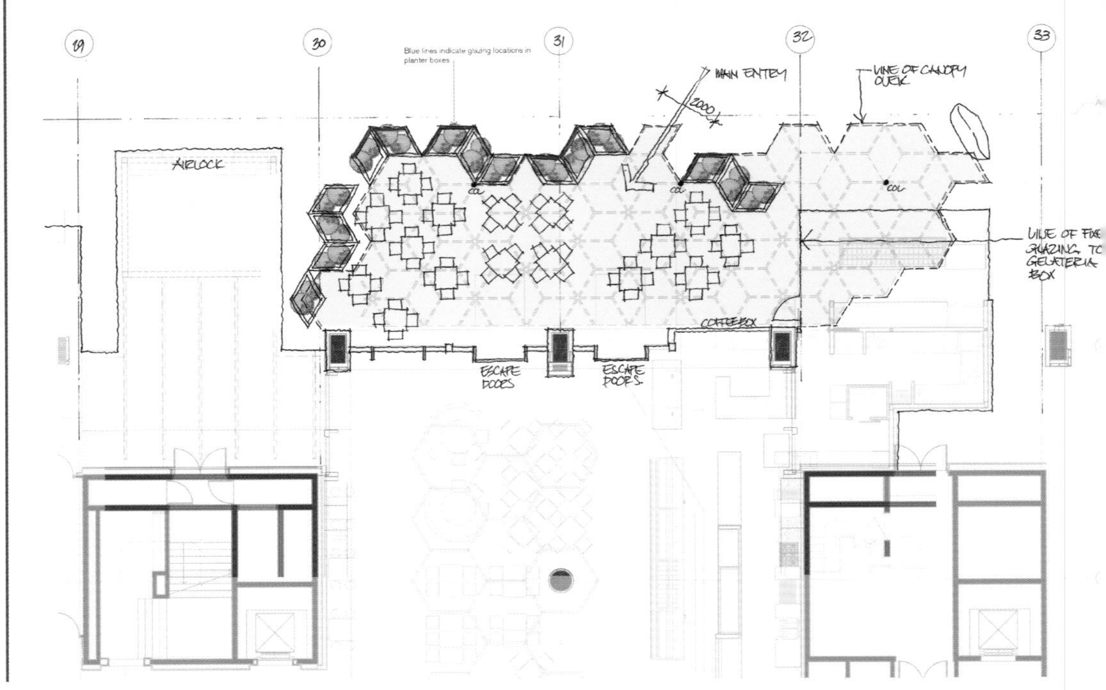

Baci

整体规划

项目位于澳大利亚墨尔本皇冠赌场内。咖啡馆的扩展空间位于赌场一楼的酒店和零售区域，其中清晰流畅的交通流线是首要考虑因素，另一个考虑因素则是与项目外观密切联系、共同建立一个有效的内外临界面。内部整体分为美食区、酒吧区、与咖啡厅，三者间又通过装饰设计与空间线条巧妙地联系在一起，形成一个流畅、动态的整体空间。

空间设计

项目作为连接皇冠零售街和河滨步道的两条平行街道之间的过渡区域，巧妙地结合了众多舒适的用餐空间，这些摊位均使用钢材打造，摊位长龙将用餐空间与行人大道有效地隔开，避免了隔墙的需要。一面彩色的人字花纹景观墙嵌入木板，营造了一个低调的入口。在靠墙的一面，精致的吊灯悬挂在古色古香的餐桌上方，有效地激活了空间的艺术气息。如蜂巢般的铝制照明灯在宽敞的空间内营造了一种亲密的用餐氛围，同时又与户外的冠层结构相互呼应。从酒吧和美食区墙面的装饰可以看出，设计师有意在这三个关键区域之间建立一种动态的联系，为来往的宾客提供美食展示、咖啡和酒吧服务。

另外，颇具创意的意大利冰淇淋橱柜设计满足顾客视觉上的享受，同时激发了顾客的食欲。橱柜面朝街道摆放，内部陈列各式冰品，这种设计使得咖啡馆在整条零售街中独树一帜。

品牌定位：项目所在是深圳首家以泰国风情为装修格调的酒店，芭堤雅是泰国的海景度假胜地，酒店和餐厅据此定位为休闲度假之所。业主希望设计师能够以有限的资金打造出一个具有天然奢华感的空间。设计师设计了一个优雅的“酒店顾客的起居室”，可以让企业高管人员和其他顾客在繁忙的工作之余尽情享受、放松身心。

雅致天然

深圳大梅沙芭堤雅酒店中餐厅

项目地点：深圳大梅沙
项目面积：2 180平方米
设计单位：史礼瑞设计师有限公司

主要材料：木百叶、彩色肌理漆、布艺、岩石
供　　稿：史礼瑞设计师有限公司（品牌推广部）
采　　编：张兰

该酒店中餐厅希望营造一种天然奢华的氛围，它以“乡土奢华”为主题原则，在空间中完美融合旧与新的元素，再生木材的材质天然，百叶窗线条的墙壁在灯光的衬托下变幻出不同的纹理。空间的色彩以米白、湖水蓝、咖啡色为主，营造空间优雅氛围的同时，也呼应项目的海滨度假格调。

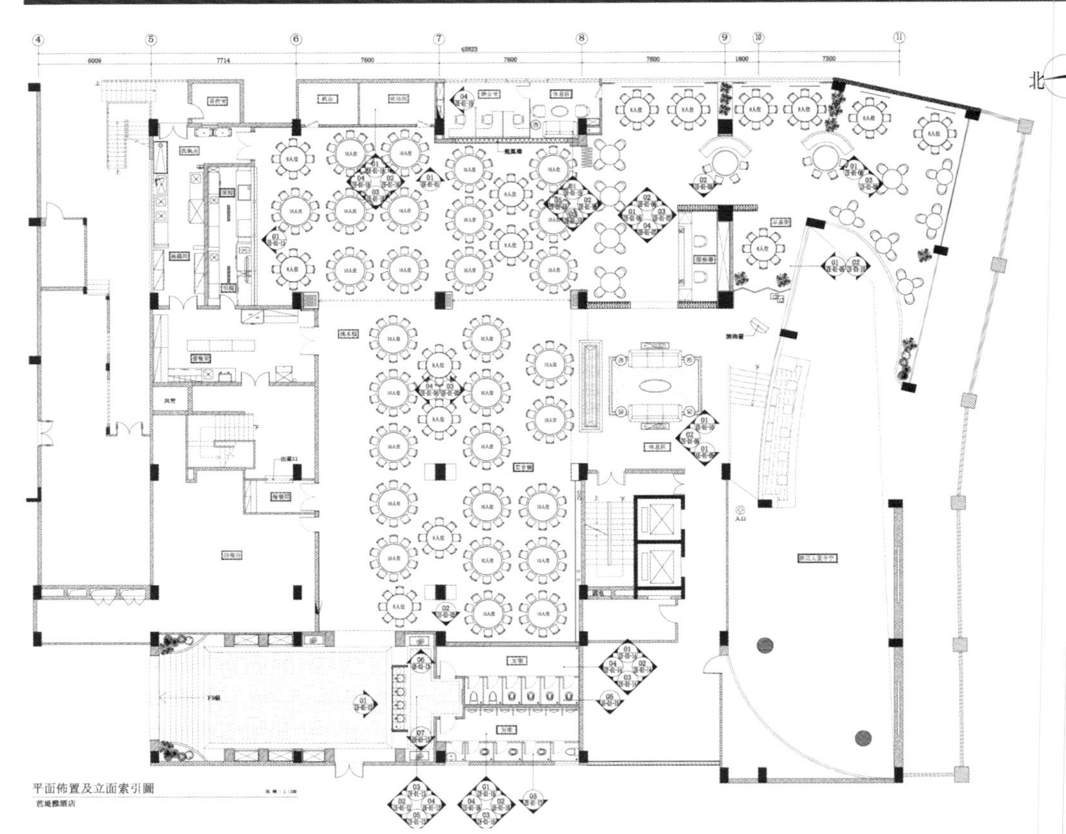

主题布局

酒店位于深圳大梅沙，海滨的风景美丽天然。餐厅空间依照“乡土奢华”的主题原则，完美演绎简约与奢华、传统与现代，定义一种全新的优雅、休闲的生活方式。空间分布为厨房用餐区和两个大型的公共餐桌，形成一个开放的大厅区域，客人在此用餐的同时还能观赏厨师们操作美食的过程，兼顾身心的双重感受。

Hennessy

留座
101

装饰元素

空间将旧与新的元素完美交织融合。无数个不规则的形体组合，百叶窗线条的墙壁和天花，纹理和色彩点缀着空间。洁白轻盈的窗帘，柔软豪华的脚垫，再生木材充当了调色板，融入了潮水元素的地毯，材质色彩简单自然，又不失仿古的豪华。灯光的运用是设计的特色所在，为空间增添了更多的变幻和乐趣。

清新日式

日本福冈胜博殿餐厅

项目地点：日本福冈市
项目面积：120平方米
设计单位：Doyle Collection

主要材料：竹帘、日式油漆、石材墙身
供　　稿：Doyle Collection
采　　编：谢雪婷

品牌定位：胜博殿自1966年始创于东京西新宿，是日本最大规模的日式猪排连锁店，胜博殿在日本以服务，严选的素材，和熟练的技术闻名，店名来自于植物仙人掌之日文发音，希望本店能像仙人掌一样，充满生命力、可爱、长久地为人们所喜欢、热爱。

项目立根传统文化，立面采用日式材料，以竹帘、“久美子”网格、栏杆等材料组合，呈现出清新自然的日式风格，实现了日式传统设计与现代设计的融合。并通过这些木杆、墙壁以及间接照明设计，层叠式的设计营造出凝聚的用餐氛围。

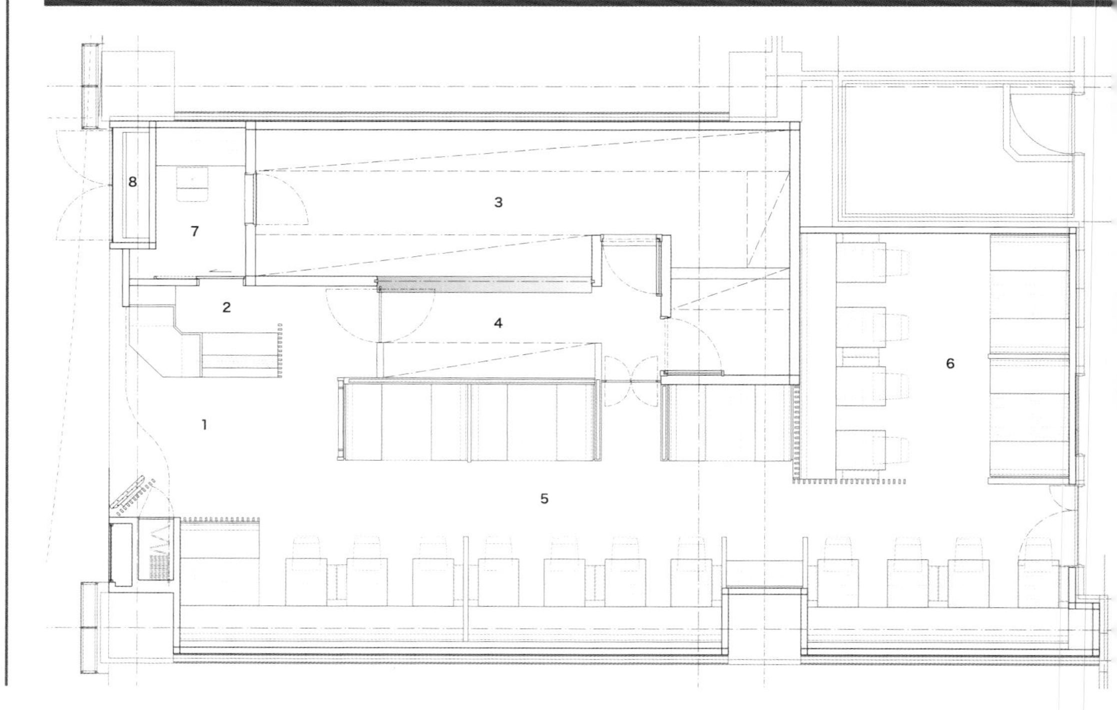

日式风格

项目位于日本福冈市，餐厅入口的地板上设计有踏脚石，无论顾客何时进入餐厅都可以调整好情绪。根据整体规划，就餐席位在餐厅较深的地方，设计师选择了一种强调色来改变用餐区的气氛。另外强调细节的变化，为了与粗糙的石头墙形成对比，黑色的墙体用日本传统的花纹纸加以装饰。在该用餐区的尽头，具有象征意义的木面板覆盖了墙体的表面，而天花板设计也实现了完美的空间平衡。

精致立面

项目的立面设计采用传统的日式材料，即一种可控制光量的竹帘，以便制作出外表面像漏光的盒子。墙壁的设计也颇有个性特征，表面有大幅度曲线设计，涂有石灰，即一种日式油漆。墙壁前面等距离放置了起支撑作用的杆子，杆与杆之间是网状的木格子，这是一种日式传统工艺，俗称“久美子”网格，这些网格设置在杆子之间，显得错落有致。通过这些木杆、墙壁以及间接照明设计，层叠式的设计营造出凝聚的氛围。设计师还设计了具有反射作用的镜子以及连续不断的木杆和横梁，精心设计的餐厅外观唤起了人们对日本建筑的印象。

両层空间

项目位于乌克兰基辅，以两大区域为特色：一层餐饮空间与木柱支撑起的二层温馨酒吧。用餐区的设计受到两种自然现象的启发，即龙卷风和雨。该区域一共有六个龙卷风形状的露台，组成五大用餐区，是一个动态的空间。二楼酒吧是由各个彼此之间相联的木柱支撑起，以弯曲高跷围挡把餐厅空间和用餐家具自然的分隔而成。墙面以毛草棍制作成燕窝状装饰，整体空间给人以放松的心灵冥想的精神享受。

龙卷风主题

项目的主题是龙卷风，设计师在颜色的搭配上用同一个色系的搭配，运用LED吊灯，密集地分布在餐厅的每个角落，给人下雨的感觉。墙面处理以木条相互粘连在一起，形成如同巢穴般的温暖舒适感。其中一面对外墙面的处理上更是花尽心思，采用了镂空的墙身，让室外的自然光线晒进餐厅。单人沙发让人联想到针叶植物和森林。整个项目虽然没有摆放太多的植物，但是尽显生机，仿佛就置身于自然的世界。

模拟自然

乌克兰基辅TWISTER餐厅

项目地点： 乌克兰基辅Mezhigorskaya大街17号
项目面积： 412平方米
设计单位： Butenko Vasiliy , Sergey Makhno

主要材料： 木材、混凝土、金属、大理石、塑料
采　　编： 谢雪婷

项目被归类为现代欧洲新概念餐厅。设计以毛草小棍棒覆盖整个酒吧的室内墙面，形成燕窝状围成的空间，结合大量如雨落下般的点光源，如同巢穴般温暖舒适，在享受美食的同时，感受自然的力量。

品牌定位： TWISTER餐厅以欧式菜系为主打系列，并引入当下流行的分子料理，另外设置休闲酒吧区。设计师以餐厅本名龙卷风为设计主题，是现代欧洲较为新概念化的餐厅，主要目标是创建一个自然、现代又舒适的环境。

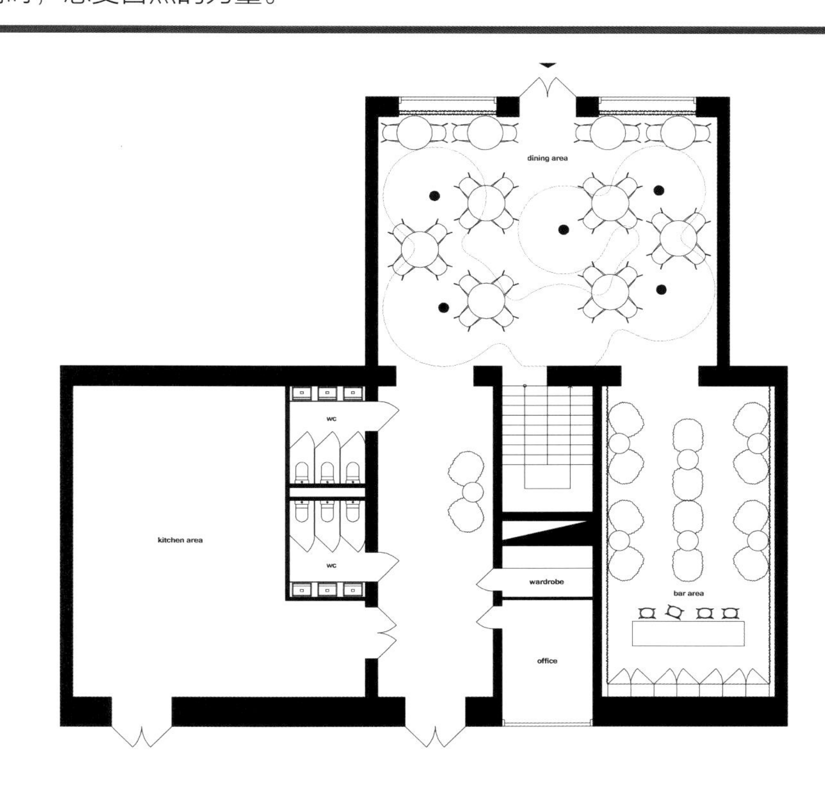

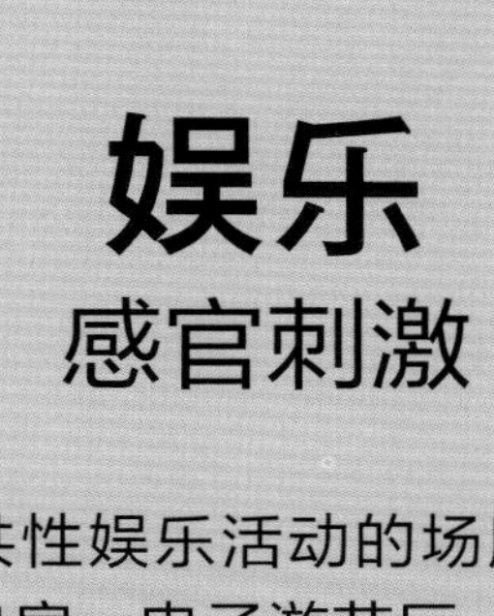

娱乐

感官刺激

娱乐类空间是人们进行公共性娱乐活动的场所，它的主要类型包括电影院、歌舞厅、卡拉OK厅、KTV包房、电子游艺厅、棋牌室、台球厅、娱乐城/娱乐中心等。

随着娱乐形式的多元化和大众品位的提升，娱乐空间逐渐倾向于通过环境和服务来吸引顾客的眼球，空间设计的重点也因此转向于现场气氛的营造。设计师通过照明、空间形态、色彩等设计要素将娱乐空间与情绪感受完美结合，最大限度地满足人们的各种娱乐欲望。在营造浓烈娱乐氛围的基础上，空间风格的独特性是整个设计的灵魂所在，也是吸引消费者的重要砝码。此外，注重空间形态对视觉效果和听觉效果的影响，也是这类型空间设计师需要特别遵循的原则。这些原则共同打造出个性鲜明、具有强烈感官体验的娱乐空间。

品牌定位：该影院为橙天嘉禾集团旗下的高端会所式私人影院品牌，它将电影放映、现场音乐表演及高端酒吧、私人定制服务融于一体，让顾客在舒适的空间享受尊荣服务，创造了当前中国最高端的影院。影院的Logo受到中国符号的启发，成为项目室内设计的基础。

感官世界

北京橙影院

项目地点：北京朝阳区
项目面积：1 000平方米
设计单位：Robert Majkut Design
主要材料：桃花心木薄片、丝绸壁纸、羊毛地毯、皮革、毛毡以及抛光钢材

供　　稿：Robert Majkut Design
采　　编：谢雪婷

设计师设计了一系列关键性因素比如三大基本色调的视觉效果、通过光影和线条塑造现代化的建筑形状、多种符号构建私密氛围以及重要的多媒体解决方案，以此向人们讲述关于移动、变换形状、运动、太阳、印象以及电影错觉的故事。

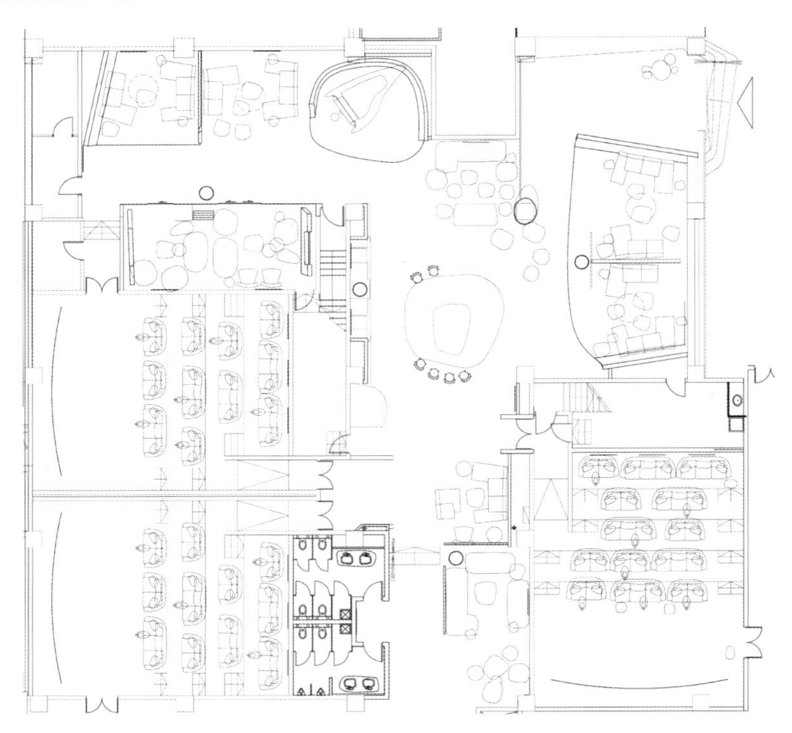

现代化建筑形状

项目旨在创造一个壮观且现代化的室内场所。设计师通过两种方法实现建筑形状，一种是利用方形网屏以及传统的中式灯笼，象征光明和环境设置，形成电影院的魔力。另一种是利用流畅的线条，比拟人的肢体动作以及传统的电影胶卷，形成建筑形状的现代化特征。

布局与色调

项目坐落在北京的黄金地段三里屯，包括钢琴酒吧区、私人VIP房以及三大豪华观影席：黑色房间，橙色花园以及粉色天空。黑色象征光明出现前的黑暗，是电影院的神奇魔力和精髓所在。而橙色则是日落的色彩，象征着令人愉快的休闲氛围以及社交活动。粉色是一种欢快的色彩，代表无忧无虑和幸福，这三种颜色共同构成了该电影院的基本色调。影院大堂是一个独特的俱乐部空间，里边有最新的艺术作品集锦。

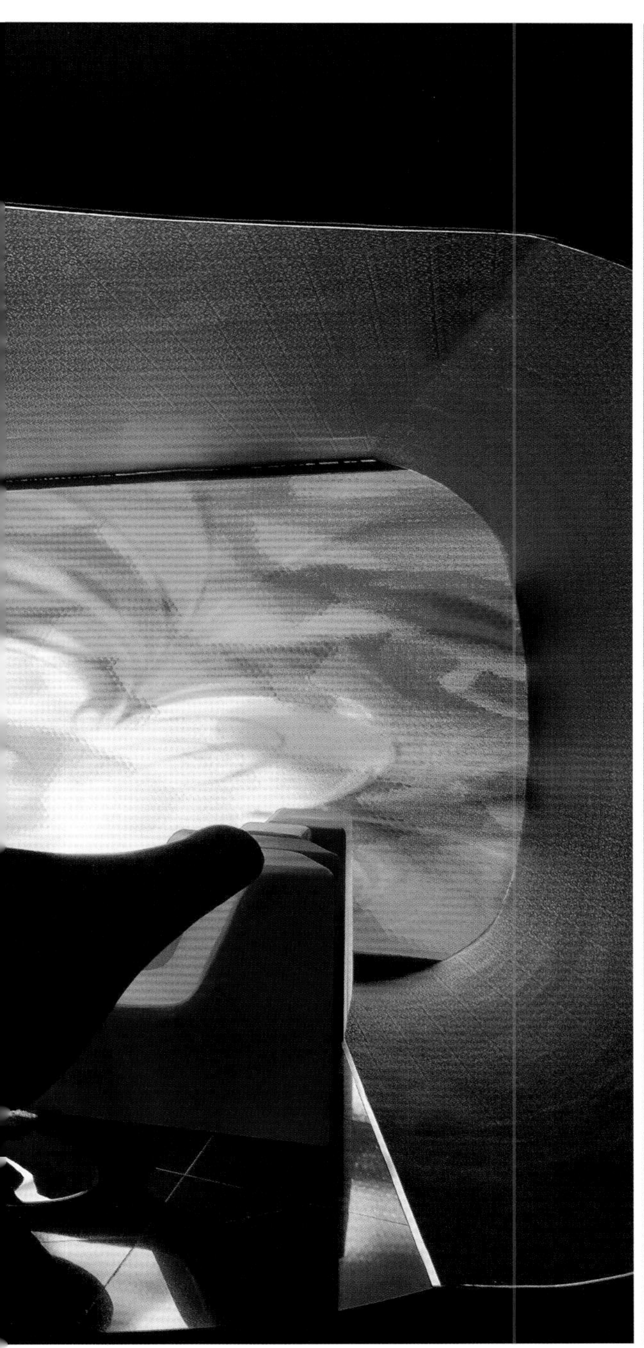

空间氛围

中国符号是影院室内设计的基础，酒吧的形状、地毯样式、门的形状、吧台的支架、网眼窗帘以及墙壁都是中国符号的改造，呼应商标的设计，并且具有地域感。

巨大的屏幕构成了室内空间的节奏和氛围，电影院播放的电影可以强调出电影世界的平滑度和错觉。

影院内部平滑的表面，是由连续且相互重叠的色彩斑点组成，从橙色开始，通过粉色和巧克力色覆盖了黑色。这种强烈的反差一方面为多媒体构建了背景墙，另一方面在观影中创造出私密环境。

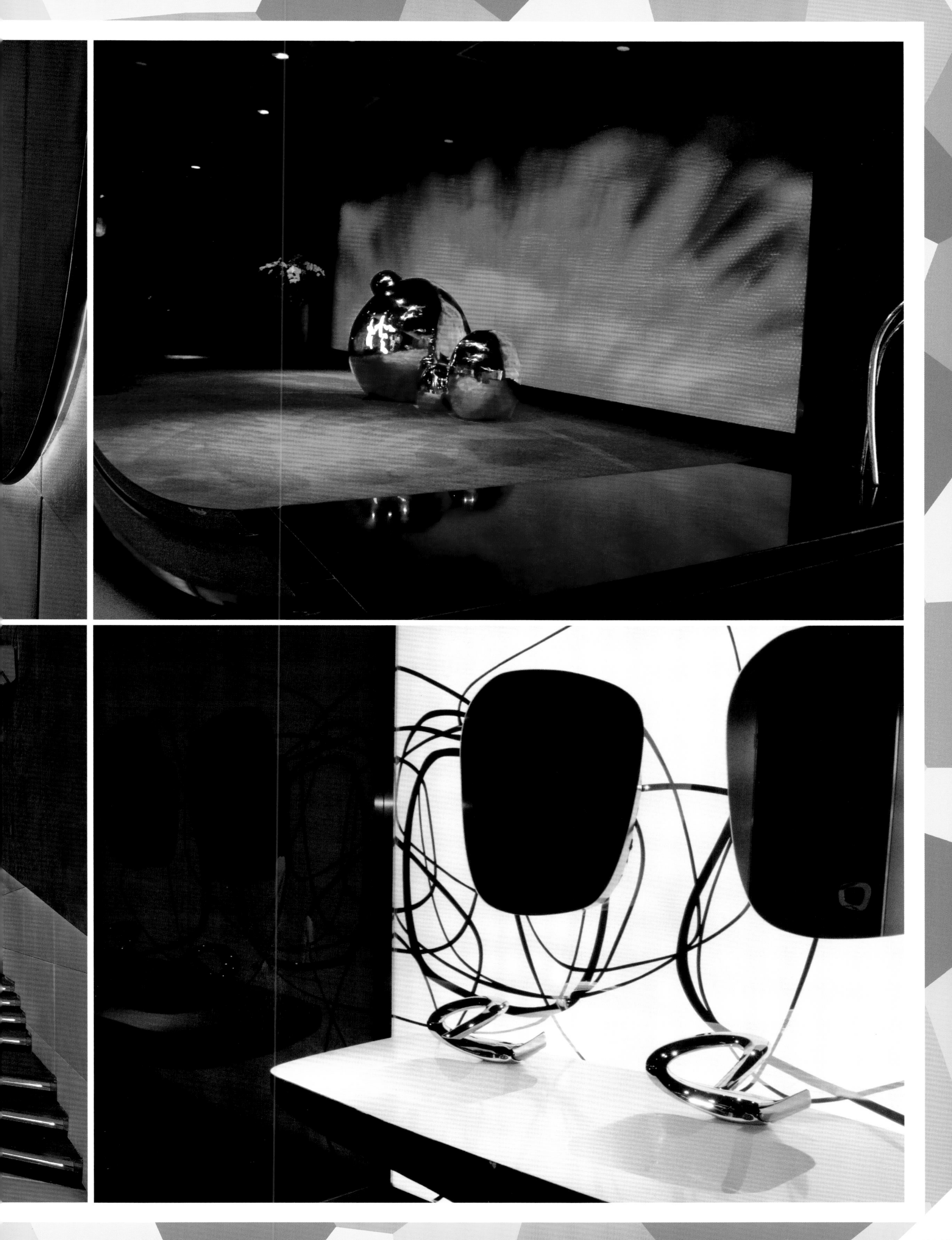

品牌定位：作为香港第一家定位全球观众、有着国际风范的精品电影院，项目与众不同的地方在于其努力营造一种“在家”的氛围。它将空间设计美学与舒适、时尚、亲切、熙熙攘攘的铜锣湾中心相互融合。基于高品位顾客的需求，这种“精品感觉”的独特设计使得影院服务更为人性化、独具舒适度及个人归属感。

花之魅影

香港皇室堡精品影院

项目地点：香港铜锣湾
项目面积：约1 000平方米
设计单位：AGC Design Ltd.

主要材料：大理石、玻璃、发光膜、风化锌板
供　　稿：AGC Design Ltd.
采　　编：陈惠慧

这家精品影院，令顾客可以体验从“聚”的集体氛围过渡到“赏”的个人舒适感，获得一种与家融合的空间感受。设计的概念以花朵盛开的神奇瞬间为基础，象征着大自然赋予生命能量和生机，在每个区域的材质和细节中都有所体现，通过光线的投射带来华美的视觉体验。

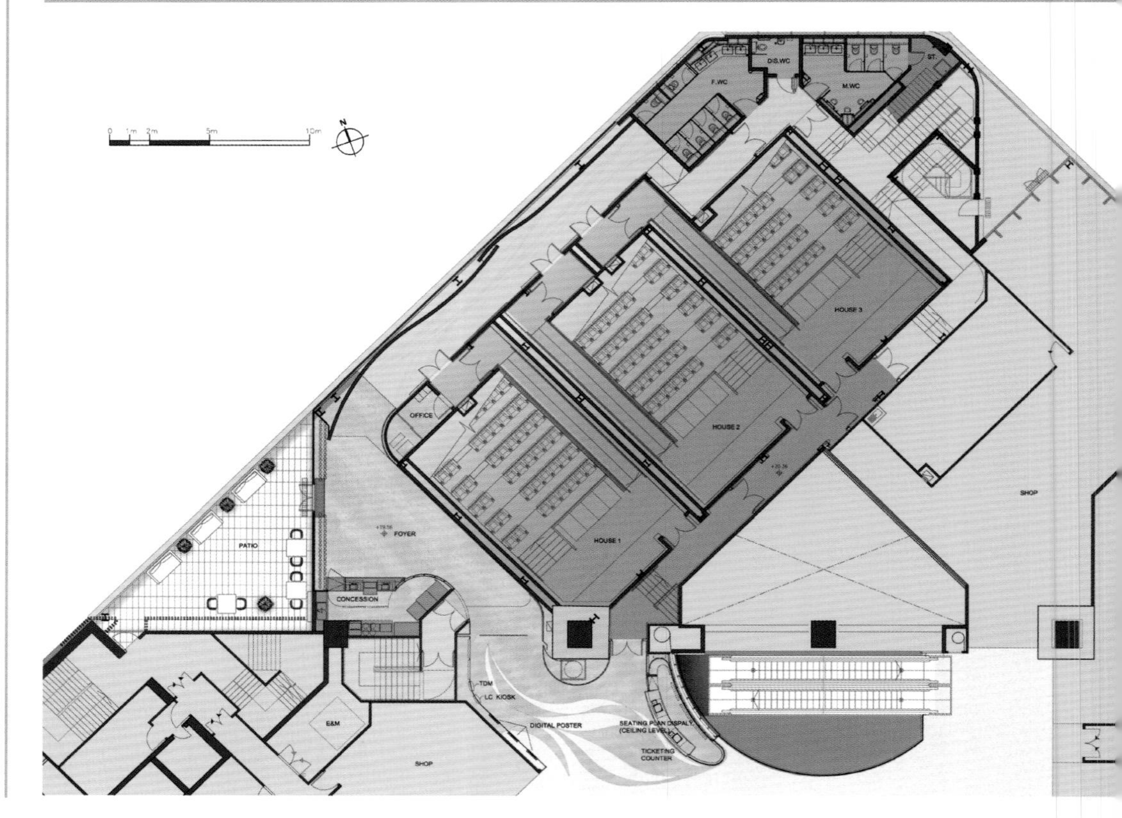

Dreyer's
有料套餐
PHD COMBO
$94
$75

UALOYALTYCLUB

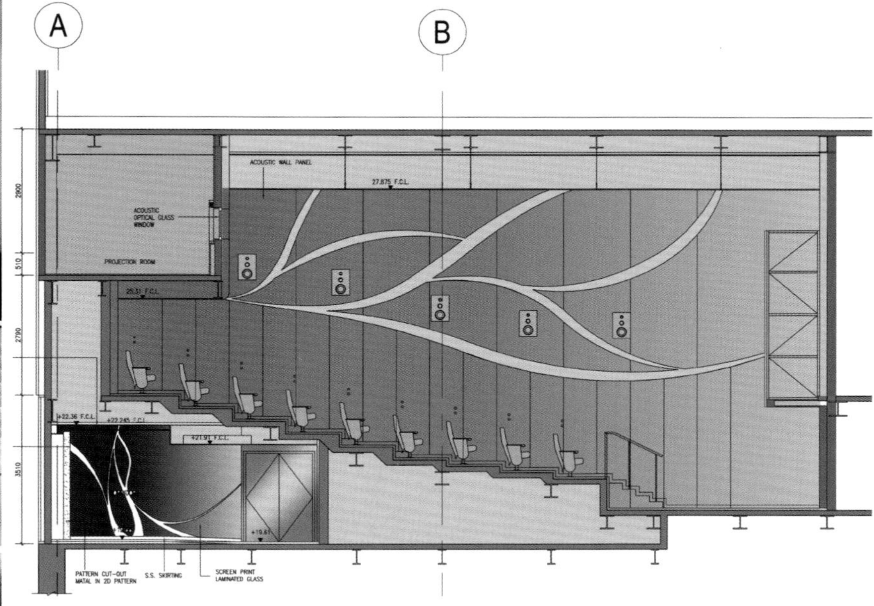

家居格局

影院的设计手法中，注入了许多如家一般亲切、温馨的元素，整个影院就像是家，具有独特、崭新和舒适的空间氛围。

大堂是起居室。流动的雕塑如攀藤般延伸至双层高的起居空间，花朵盛放的概念随处可见，以独特的感动与个性化标志，营造一种立体化的视觉效果。特别设置的对外露台，隔离一切烦嚣，辟出一个愉悦的休闲聚集场所。影厅是卧室，宽敞的空间配置，先进的设备，带来震撼与感动。

花朵概念与细节

项目中普遍使用了花朵盛开的概念，比如售票区、放映厅，甚至是洗手间。大堂的天花板上，朴实的大理石在光线的映衬下，衍生出花朵盛开的美景，不同的角度和媒介，产生三维轮廓的视觉效果，极具吸引力。每一处空间和细节，都散发着自然的气息。

影院入口采用的发光膜材料在天花延伸、扭动，为空间带来丰富的韵味。以风化锌板编织的空间纹理流畅，交错在花的形体之中，透露优雅的空间触感。闪耀的玻璃垂幕衬托着屋顶的花瓣，光影的流动凸显静谧与细腻的细节感受。

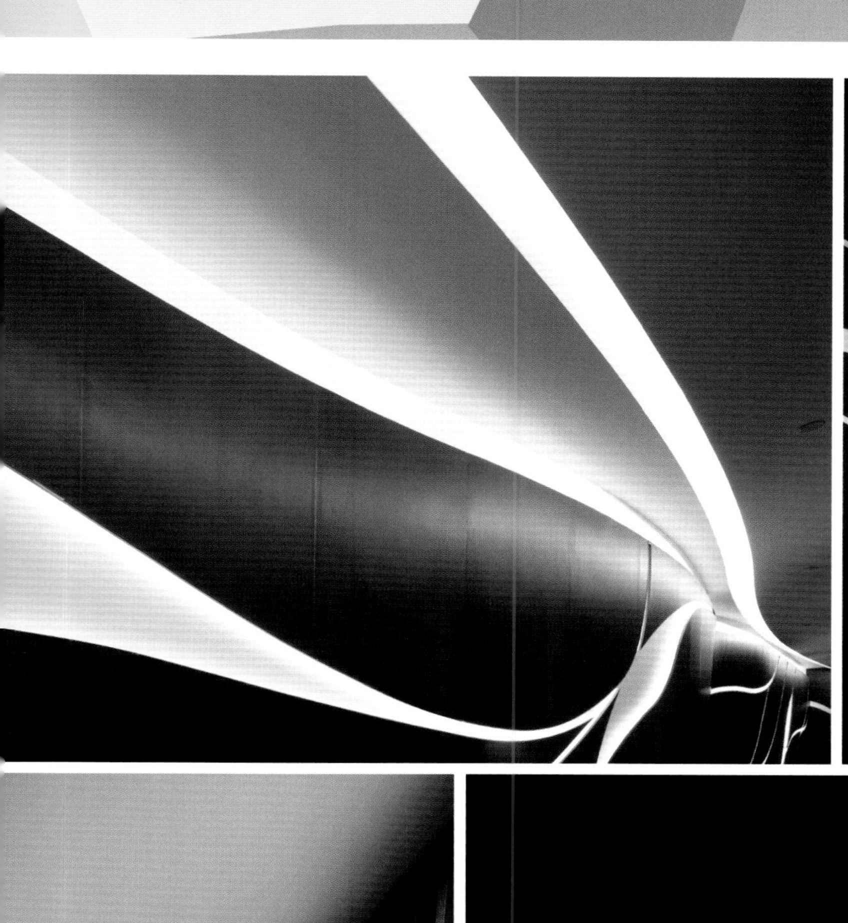

1

品牌定位：项目是MCL院线全新打造的最新品牌，务求为观众带来最顶尖的娱乐享受。洲立影艺有限公司(MCL)成立于1982年，目前在香港经营包括项目在内共5家位置优越的戏院，全部都座落于港铁沿线。

“旋涡”幻影

香港 Star Cinema @ PopCorn

项目地点：香港新界将军澳
项目面积：2 800平方米
设计单位：AGC Design Ltd.

主要材料：人造石、石膏板、实木木皮、纯毛地毯、声学墙面板、矿棉、不锈钢、铝合金板
供　　稿：AGC Design Ltd.
采　　编：陈惠慧

项目通过落地开放式玻璃的空间布局设计，营造了一种热闹的气氛。除此之外，大堂天花以“旋涡”三维造型设计，使空间更为通透立体，让观众在观看电影之前就有一种独特的空间体验。

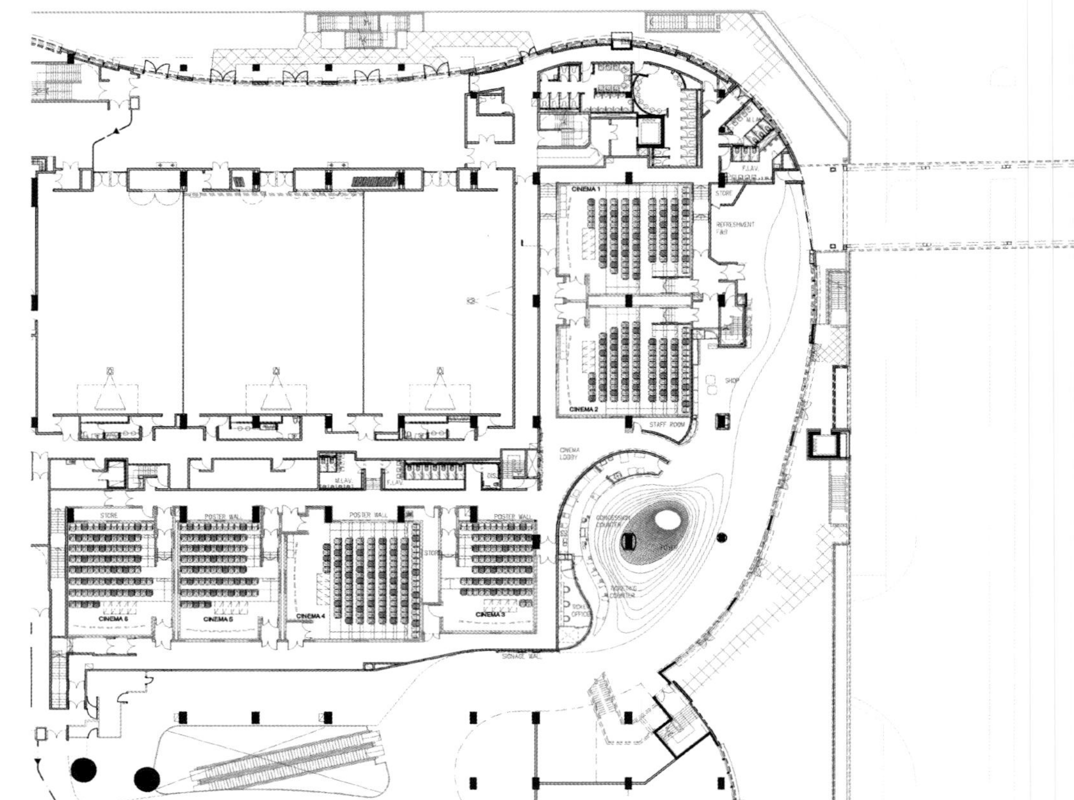

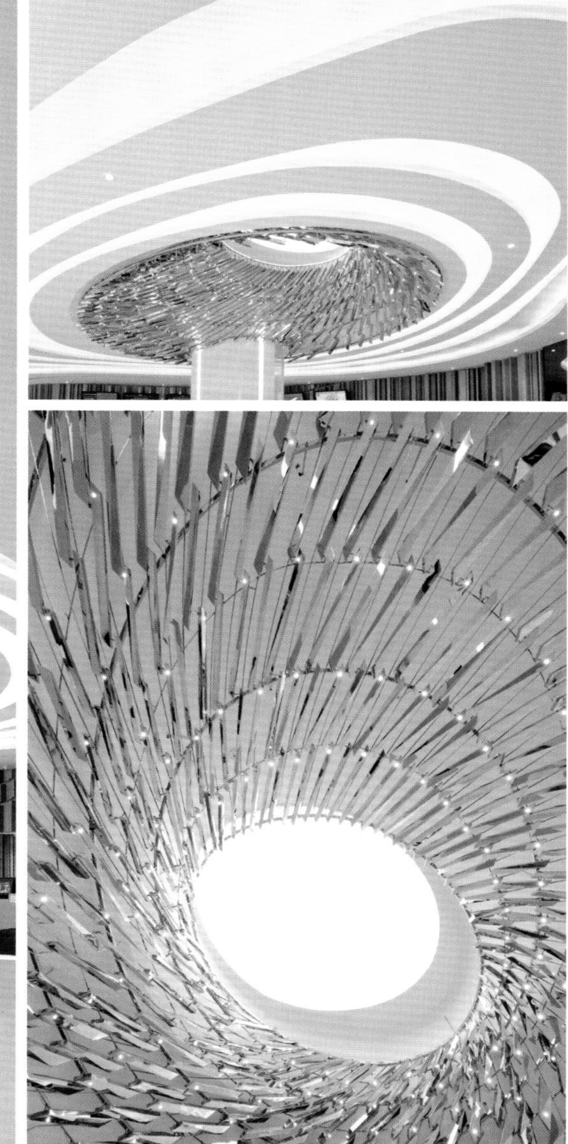

开放式布局

项目位于香港将军澳，项目的功能空间布局采取开放式设计，设有6间影院共624个座位。穿过开放式抽象“旋涡”三维造型天花大堂和70米面对户外的落地玻璃长廊，引进天然光线，加上木条砌成的墙，营造既热闹又温暖的氛围。6间影院围绕大堂以右旋的L型分别沿线分布，直观而方便，部分影院更设有进阶版的“Infrasonic 系统”，与杜比5.1及7.1声道结合来控制座椅的震动频率，以求带给观众震撼而真实的观感体验。

“旋涡”天花

对外开放式影院大堂以抽象“旋涡”三维造型天花为设计主调亮点，造型寓意突显人在自我世界与现实生活间穿梭比拼。灵感参照科幻电影中之常用画面：当需要在不同时空领域出现穿插时，通常会利用“旋涡”作为一个转接媒介。这“旋涡”以三维镜钢条子交错编织而成，墙身背景以木材及镜条子衬托，吸收和折射出大堂的熙攘氛围，丰富整体空间。这种比较梦幻的设计手法，作为营造观影前的过渡体验。

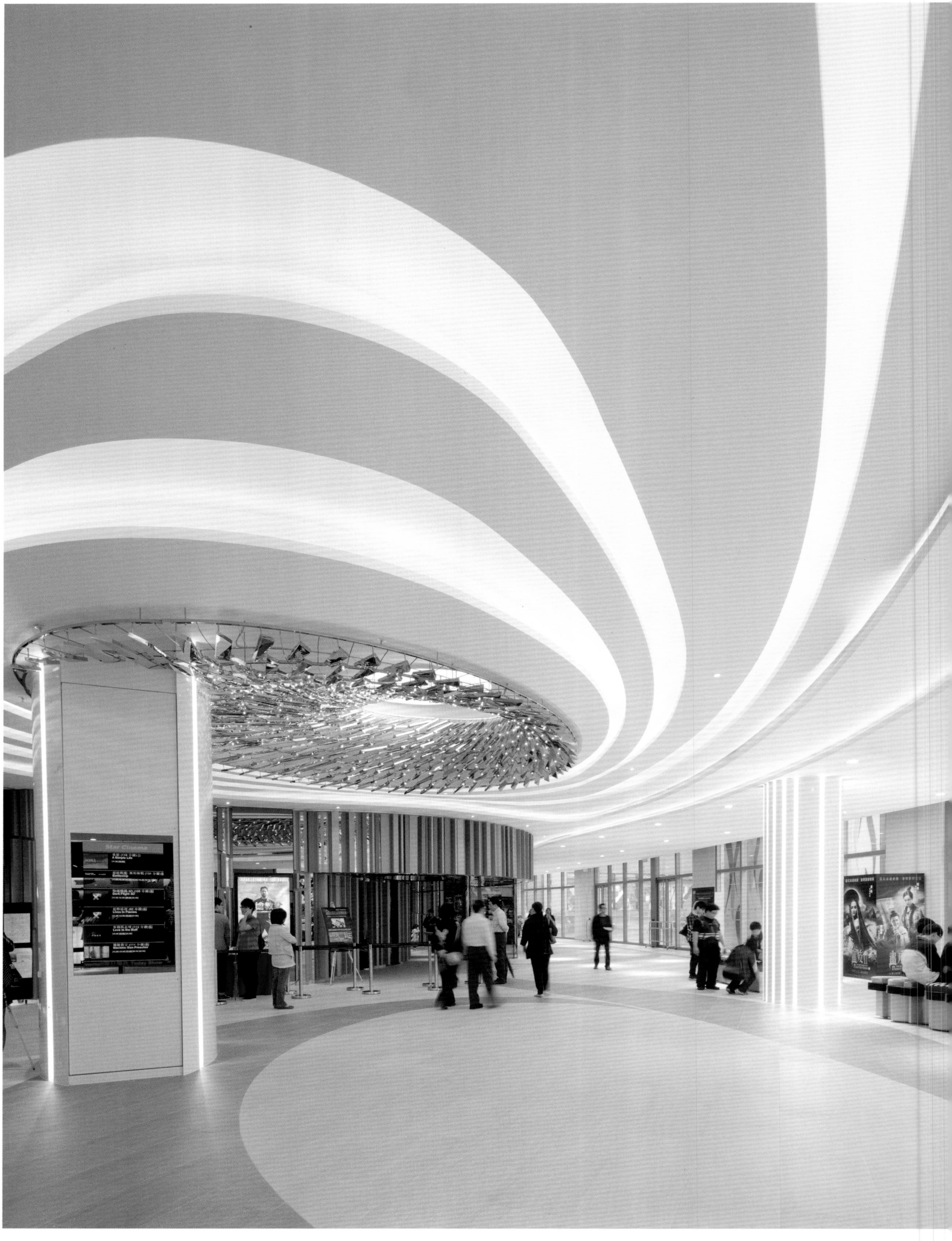

TOUGH
jeansmith
TOUGH Jeansmith

STAR
CINEMA

1 2

品牌定位：项目为威秀影城在台湾的第八家影城，为影迷们提供最佳的视听游憩新据点。业主希望项目呈现的第一印象能如电影一般带给观众震撼的视觉感受。设计概念从威秀logo的三角元素发想，通过不同的组合排列，营造多样的空间环境。

视觉地带

台北京站威秀影城

项目地点：台湾台北市大同区
项目面积：1 815平方米
设计单位：竹工凡木设计研究室&衡美企业股份有限公司
主要材料：硅酸钙板、不锈钢板、强化/烤漆玻璃、灰镜、特制PVC地砖、订制地毯、铝烤漆障板天花

供　稿：竹工凡木设计研究室
摄　影：竹工凡木设计研究室
采　编：谢雪婷

项目从品牌logo中得到设计灵感，将logo上的三角形图案进行多种排列组合，通过点、线、面、体构成的序列，不同的空间表情营造出同样具有张力的戏剧性空间氛围，为顾客带来如电影般震撼的视觉享受。

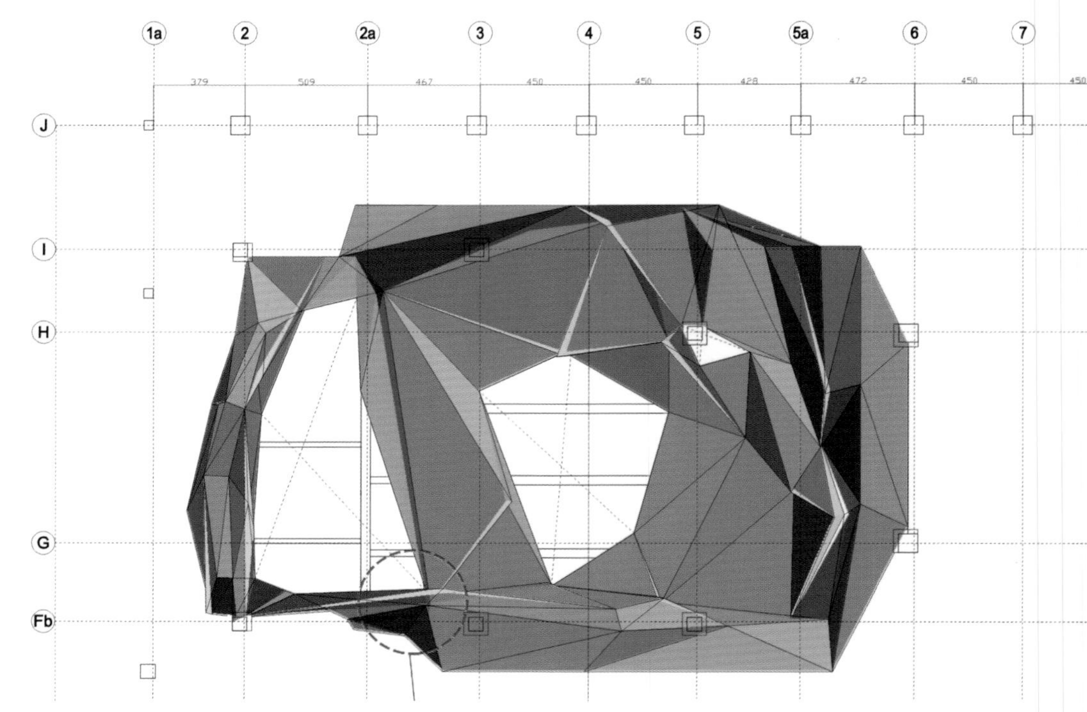

戏剧性张力空间

本次设计的主轴是戏剧化的空间呈现，概念源自影院品牌的logo，通过三角形的相互排列组合来给予空间不同的表情。从入口隧道“线”的交织，渐变成天花的“面”，最后再转换成“体”落回到空间上，让观众体验一系列由点、线、面、体构成的戏剧性空间氛围，同时也借此手法来暗示空间的序列性和主从关系。

CINEMA
VIESHOW

←CINEMA 1-6→
2

9

CINEMA 6-9 →
9

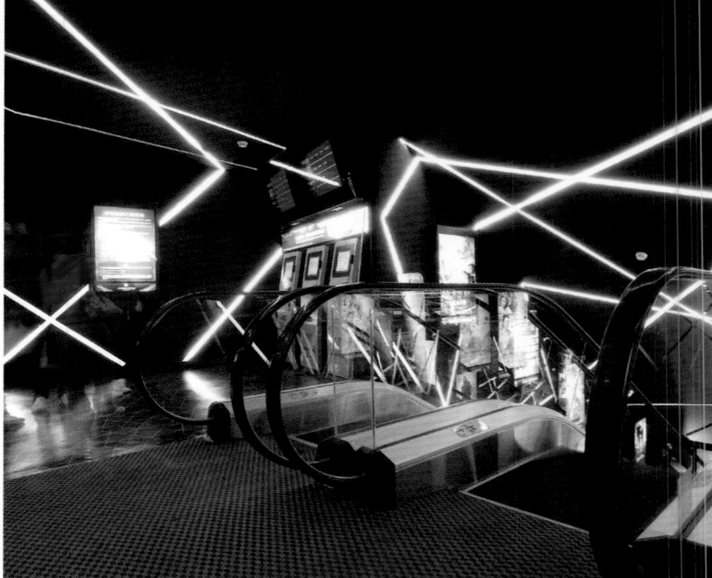

区域设计

空间依次划分成四个区域：入口隧道、前厅、主大厅及影厅。主大厅的天花是项目的设计重点，因空间的尺度较大，于是透过大尺度折板系统来赋予空间戏剧性的张力，导入模矩化的思维，有效地营造天花的自由形体，同时通过强大的视觉效果重整平面上(五楼)较为零碎的空间。

细部设计

细部设计上，影院的各处都能发现由线条组构出的三角形纹理。在各楼层的天花、影厅告示板、玻璃护栏及地板以多样的形式呈现，这些几何样式充斥整个空间并且相互呼应。

品牌定位：Krnoverk电影院是俄罗斯境内连锁电影院的先驱品牌，在消费群体中有着良好的信誉。项目设计旨在提升影院的文化底蕴，并将其打造成为俄罗斯首屈一指的高端影院。设计师在设计过程中将该品牌的logo以及独有的识别颜色作为方案的出发点，为品牌带来独一无二的市场优势。

现代几何美学

俄罗斯莫斯科 Kronberk 电影院

项目地点：俄罗斯莫斯科
项目面积：1 045平方米
设计单位：Robert Majkut Design
主要材料：LED照明灯、瓷砖地板、墙纸、钢材

供　稿：Robert Majkut Design
摄　影：Andrey Cordelianu
采　编：谢雪婷

项目采用了功能性和现代化的解决方案，在Kronverk品牌logo的基础上，注重设计美学的一致性和连贯性。logo的线条元素构建的几何形体和标志性色彩在每个区域内都有重复，通过不同的风格和氛围实现变化。

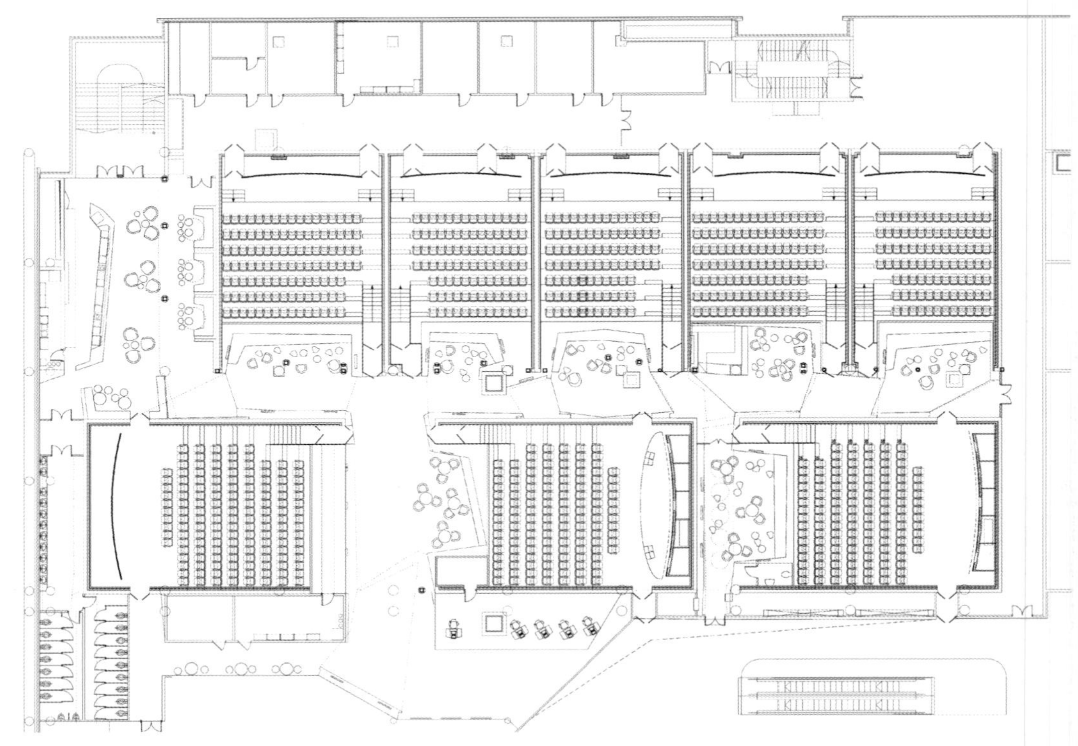

设计理念与元素

该电影院的设计理念通过商标形状的平滑式处理手法及色彩平衡来实现。所有的空间几何形体都由一定顺序的线条组成，这些线条来自电影院的商标，绝大部分通过皇冠符号衍生而来。这些花式线条的交叉重叠创造出灵活阵形，演化为多个模式，每面墙壁和天花板上都呈现出相同的矩阵和元素。

美学分区

虽然色彩和几何形体在影院的室内设计中贯穿使用，但每个区域都有其独特之处以及明确的功能和美学特征，成为商标衍生出的共同图案的一部分。

影院入口采用几何体造型，是一条颇具现代特色的隧道，通往大堂，利用座椅模组分成几大区域。大堂天花板上装点着华丽的灯饰，其图案纹样非常精细。完全单色调的黄色VIP酒吧给人以饱满、充满活力的空间感受以及形象化的图案装饰。贵宾休息室则相反，采用舒缓的紫色和黑色营造优雅亲密的交流氛围。令人印象深刻的白色走廊，与深色的影院大堂形成强烈对比。

EFES
ОНА ВСЕГДА В ГОРЯЧЕЙ ТОЧКЕ
АГЕНТ ДЖОННИ ИНГЛИШ
С 15 СЕНТЯБРЯ

АГЕНТ ДЖОННИ ИНГЛИШ
С 15 СЕНТЯБРЯ

ПОПКОРН
170
220
EFES
ВОССТАНИЕ ПЛАНЕТЫ ОБЕЗЬЯН

КРОНВЕРК
СИНЕМА

现代俄罗斯风格装饰

项目设计利用现代方法体现出俄罗斯风格的装饰效果，所采用的图案和几何形状代表着设计师对设计主题的现代化演绎，而这些主题来源于其他时代和传统饰品。最典型的就是大堂的天花板，利用LED照明灯组成精致的花边图案。该电影院的室内设计基于最新的科技成果，对现代东方魅力作出了定义。

欢乐的音浪

武汉畅响会所

项目地点：湖北武汉市武昌区
项目面积：2 000平方米
设计单位：阔合国际有限公司
主要材料：白色石材、玻璃、不锈钢、马来漆

供　　稿：阔合国际有限公司
摄　　影：黎威宏
采　　编：谢雪婷

品牌定位：项目以年轻人为主要消费群体，力求打造武汉时尚年轻族群追捧的新潮圣地。在设计上融入时尚元素，丰富空间的多重样貌，也改变人们共享欢乐的体验模式。“畅响”音同“唱响”，声音的元素在空间中得到充分的运用。

声音的声波、声纹在项目中被落化成沙发、天花、梁柱、每一个包厢、每一个转角。声音的元素被聚合成前卫大胆的形变空间，项目充分考虑时尚品味，让武汉的特色与年轻活力在此得到升华，用艺术与情趣将传统的歌唱空间幻化出灵动的气氛，全力开创新的欢乐境界。

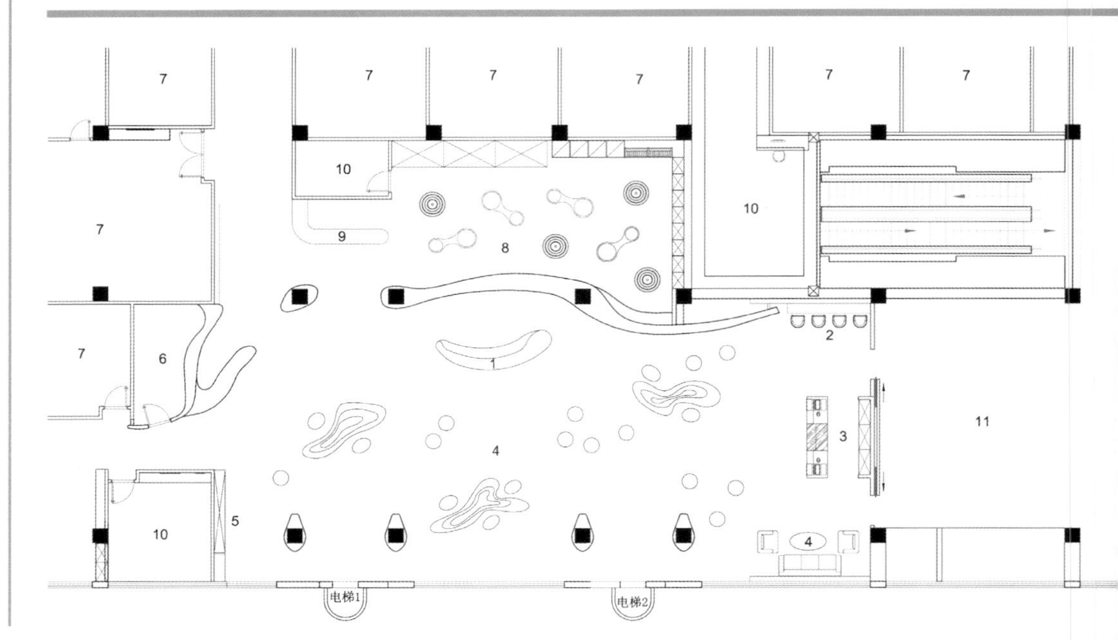

空间意象

项目坐落在具有个性底蕴的武汉，设计师走访旧武汉街头，各种具有江湖底气的市井声音自然地融入脑中，形成音感。因此在设计中希望将音乐融入空间，利用特殊的前卫表现创造出一种静止的“声”动画面，充满艺术感的基调对比绚丽幻化的灯光，带来强烈的视觉震撼。

声音元素

会所的入口蔓延武汉的城市记忆，利用红色打造出一片片曲版，表达出韵律化形变的空间，而镜面与液晶画面的搭配，扩大了空间感，影音效果也被放大。视觉的想象在大厅内被激荡，音符划过天际转换成五彩幻化的光景，燃烧的音浪让地面上象征黑白琴键的石材瞬间被弹奏起来。在超现实的空白空间内，自在随意摆放的白色卵石沙发，起着稳定空间的力量，让人在此等待也变得轻松愉悦。

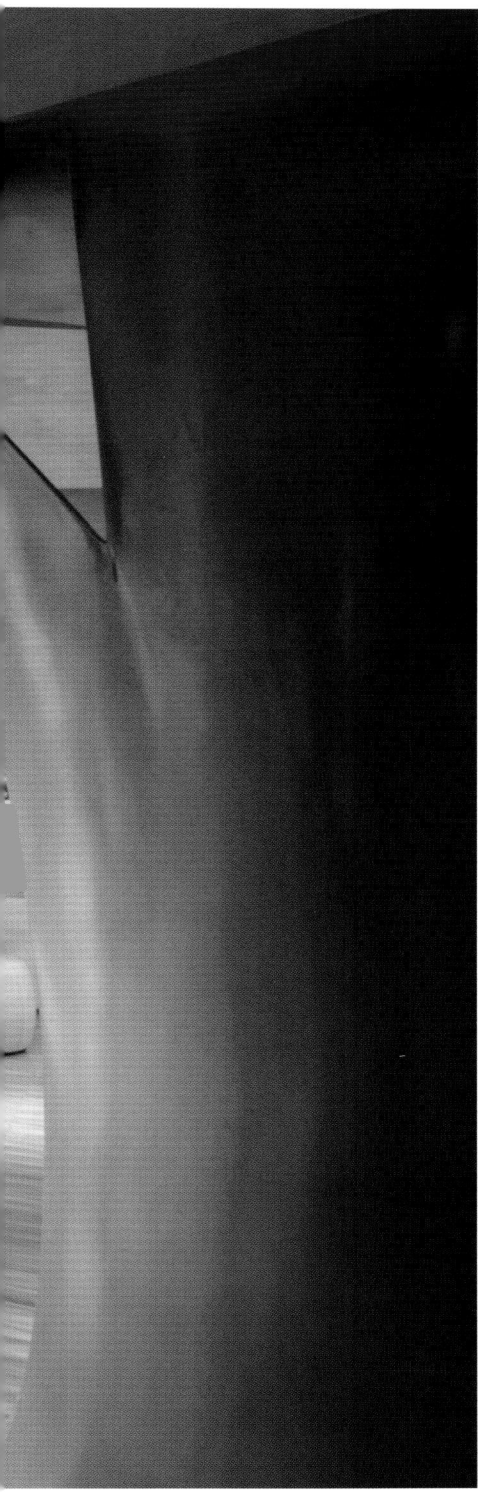

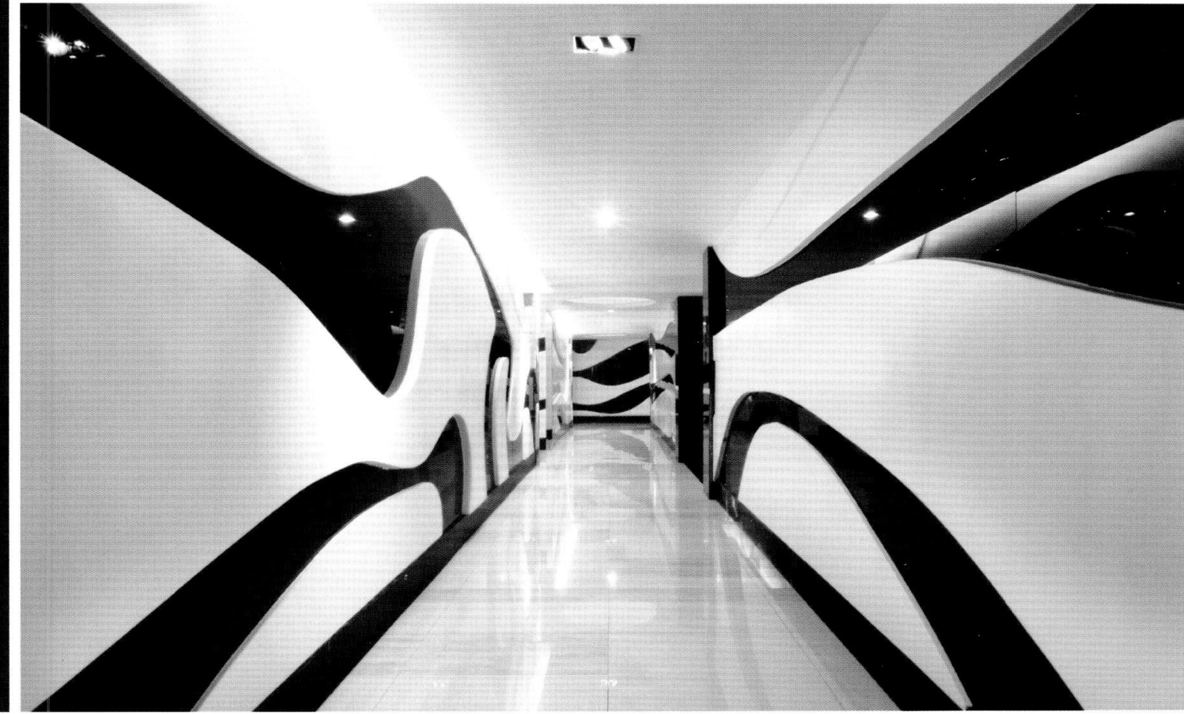

高感空间

考虑到项目的消费群体，如何让顾客获得高度的感受成为设计师设计的一个重点。在讯息时代，人们有着天生的好奇心，因此设计师不满足大厅只是单纯性的等候区域，巧妙的加入了网吧与个性化录音室，刺激了人们在等待中产生看与被看的关注感。在录音间的外墙上设计了一个玻璃展示窗，让好奇的人在此等候并关注录音间的歌手，令人们在新的体验模式下获得更多的欢乐。

品牌定位：乐K量贩式KTV秉持“诚信服务，永续经营”的经营理念，致力发扬正派、健康、高雅的休闲娱乐形态，同时提供五星级标准的软、硬体，高技术水平的音乐视听和餐饮享受。

动感时空隧道

富阳乐K量贩KTV

项目地点：浙江富阳市春秋北路271号银泰玉长城广场
项目面积：2 600平方米
设计单位：杭州意内雅建筑装饰设计有限公司
主要材料：烤漆板、抛光砖、镜面玻璃、人造皮革、中花白大理石
采　　编：李睿智、张培华

项目主要针对80、90后及都市年轻消费群体，以“动感都市生活”为主题，由大量切割几何形体构成空间的主元素，展现年轻一代的风采，空间氛围与年轻气息互补互存，产生强烈的共鸣。

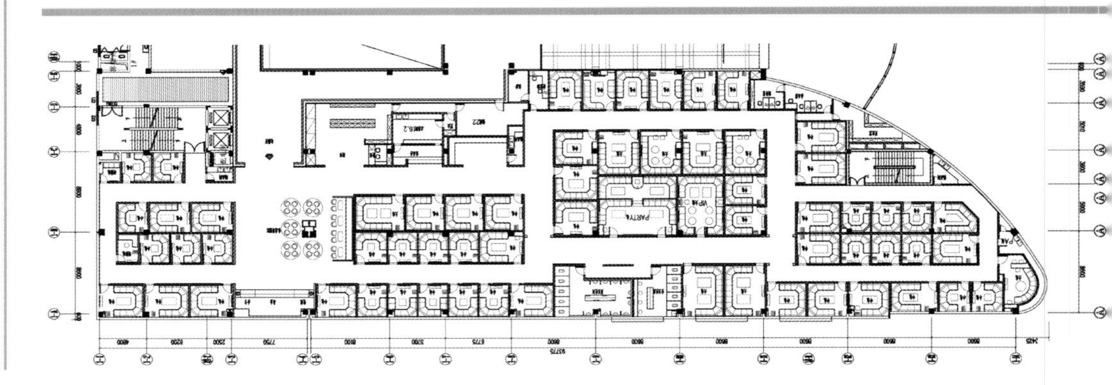

Toilet

多元化包房

项目位于浙江富阳市。在空间布局上，结合专业量贩KTV的营销模式，合理地分布各个功能区块，入口的大厅被设计成一个多功能的空间，包含总台、等候区、超市、自助视听区。设计重点被置于各个包房，设计师以年轻群体的不同个性喜好，将包房做了多元化的设计，10余种不同风格，增添了设计的多元性和趣味性。

时光隧道

在空间的表现形式上，公共走道部分以统一的立体构成切割几何形体为墙体主元素，搭配光线的漫射与折射，加之直线与体块相碰撞，漫步空间则俨然穿梭于时光隧道中，充斥着无形的动力与快感，象征年轻群体的速度。在空间色彩上，主色调定位白色和绿色，简单而统一，恰当地营造出时尚而纯粹的感官刺激。

环保用材

设计选材上，以环保为宗旨，基本选择常规材料，地面以抛光砖为主，墙面是成品烤漆板人造石与镜面玻璃的组合，顶面以天花软膜、石膏板等最简单的材料组合来表现出丰富有层次的艺术效果。

msi
msi

梦幻之莲

南京麦乐迪KTV新街口店

项目地点：江苏南京
项目面积：4 000平方米
设计单位：睿智匯设计
主要材料：水钻、玫瑰金镜面不锈钢 、茶镜、人造石材、镜面不锈钢激光冲孔、马赛克镜面砖

供　稿：睿智匯设计
摄　影：孙翔宇
采　编：田园、张培华

项目最突出的部分是中庭的设计，以“莲花”为设计出发点，运用后现代的隐喻手法，借助金属材质和独特的流线设计，大胆地处理各种对比意境，营造了一种抽象、动态、迷幻的空间感受，顾客在感受全新娱乐气息的同时，也能获得绝佳的视觉享受。

品牌定位：本案是著名娱乐连锁品牌麦乐迪KTV的直营店，麦乐迪作为顶级娱乐的代表，富于激情和魅力。项目的市场消费人群定位于都市男女，空间设计着重于艺术化与商业化的完美结合，不断捕捉消费群体对生活方式的追求，提供独一无二的娱乐感受。

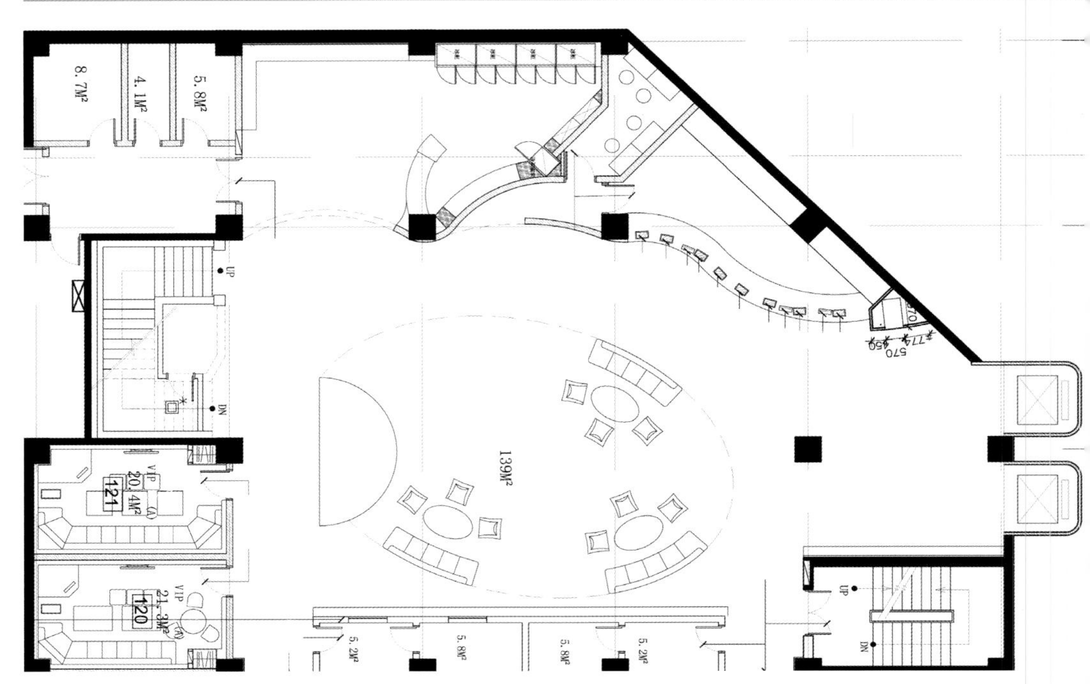

风格主线

项目位于曾是六朝古都的南京，当品牌的娱乐与城市的文化相碰撞，为古老的城市注入了新的活力。项目空间布局大气开阔，呼应城市氛围。设计师在设计中大胆运用对比手法，在精致典雅却不失现代气势的独特气息中另辟蹊径。

中庭设计

本案的设计重点是挑高的中庭，设计师将盛开的“莲花”置于半空中，作为视觉中心点。“莲花”的设计运用了后现代设计风格中的隐喻手法，代表着超脱幻象新世界的诞生。“莲花”采用玫瑰金不锈钢材质打造，将莲花的柔美与金属材质进行对比与碰撞。莲花取源于水，将“花”与“水”相互衬托，相映成趣。“水”作为主体莲花的背景，以流线型的设计语呈现于吊顶及主墙。

顶面造型采用镜面不锈钢材质，配合晶莹透亮的水钻，在灯光下闪闪发亮，有着令人目眩神迷的造型和闪耀潮流的表面。

设计师将水的造型处理成旋转的、波浪起伏的条带，在虚与实、轻与重、固定与流动、开放与封闭、光泽与透明之间，营造了一个抽象、动态、迷幻的空间感受，给人一种视觉的享受和联想，振奋人心。

娱乐新贵

广州盛世歌城

项目地点：广东广州
项目面积：4 500平方米
设计单位：香港H.D室内设计公司
主要材料：大理石、进口马赛克剪画、进口仿皮、布艺布包、玻璃、镜、不锈钢、墙纸

供　稿：香港H.D室内设计公司
摄　影：香港H.D室内设计公司
采　编：张兰

品牌定位：项目位于广州新塘，这里的商业背景较好，人们的经济实力雄厚，对于商品以及附加在商品上的服务有着更高层次的要求。本案在此基础上的艺术定位是摆脱当下令人眼花缭乱的繁杂设计及浓重的金碧辉煌般奢华风格设计，营造高雅大气、独特品味、低调奢华的娱乐新贵空间。

本项目希望为高品位的顾客提供更具品质的服务和全新的视觉感受，因此在设计上采用了时尚“巴洛克”风格，以黑白为主色调，材质上使用明亮艳丽的皮革、绒布、烤漆等，软装风格融合中式和西方的元素，为整个空间添加华贵的人文艺术气息。空间富于冲突的美感，在市场上更具竞争力。

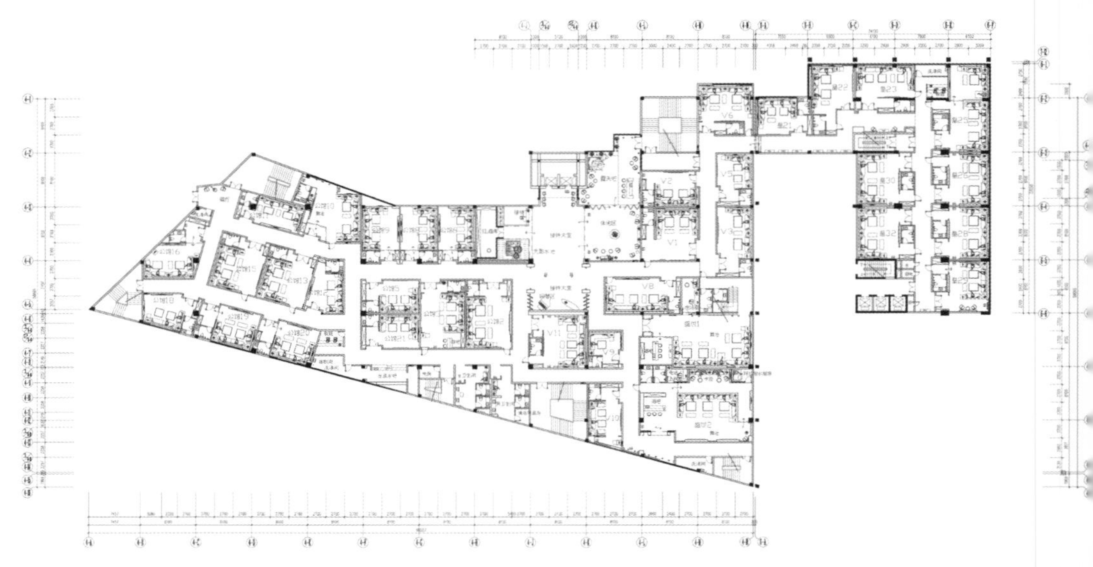

时尚“巴洛克”风格

设计师摒弃古典“巴洛克”繁杂而精雕细琢的华丽感，采用时尚“巴洛克”风格，这种风格的艺术特点可以总结为：豪华、富于艺术激情、强调空间感及立体感、优雅与浪漫。通过现代的科技和设计元素表现含蓄内敛，不需要高昂材料堆砌，让空间及气氛令人有心灵震撼的奢华感觉，获得更多生命力。

高雅艺术装饰

本案以时尚界最钟爱的黑与白为主基调，营造一股利落率性的气质。材质上，带有光泽质感的皮革、高贵典雅的绒布、高光亮感的烤漆、时尚旗舰店惯用的黑镜、晶莹璀灿的水晶，都让巴洛克晕染了时尚界的明亮艳丽；家具上有个性化的法式家具、现代风格沙发，设计师以其对空间美学的敏锐感，混搭品牌家具、设计订制家具，把家具当成艺术品，形塑当代时尚艺术空间。空间豪华气派，加上一些沉稳的中式风格的软装饰，让整个项目充满人文艺术气息。中式与西式两种风格形成既冲突又极具优雅大气的美学概念。

奢享新古典

天津娱乐中心

项目地点：天津
项目面积：6 500平方米

主要材料：成品木饰面、金世纪米黄、金箔、铜艺
采　　编：方燕

项目以新古典主义为线索，突出色彩和光影的表现力，以暖黄色为基调，采用流线型手法，材质选择大气的石材，搭配优雅的配饰，营造出雍容奢华、神秘而鬼魅的娱乐空间应具有的氛围，使人倍感放松，享受感官刺激的同时，揭示了娱乐的真谛。

品牌定位：项目由恒大集团投资规划，是一个非酒店、非会所式的娱乐中心，提供极致奢华的体验，整体分为饮食中心、健身中心、娱乐中心，从功能上来说是一个奢华娱乐的集合体。

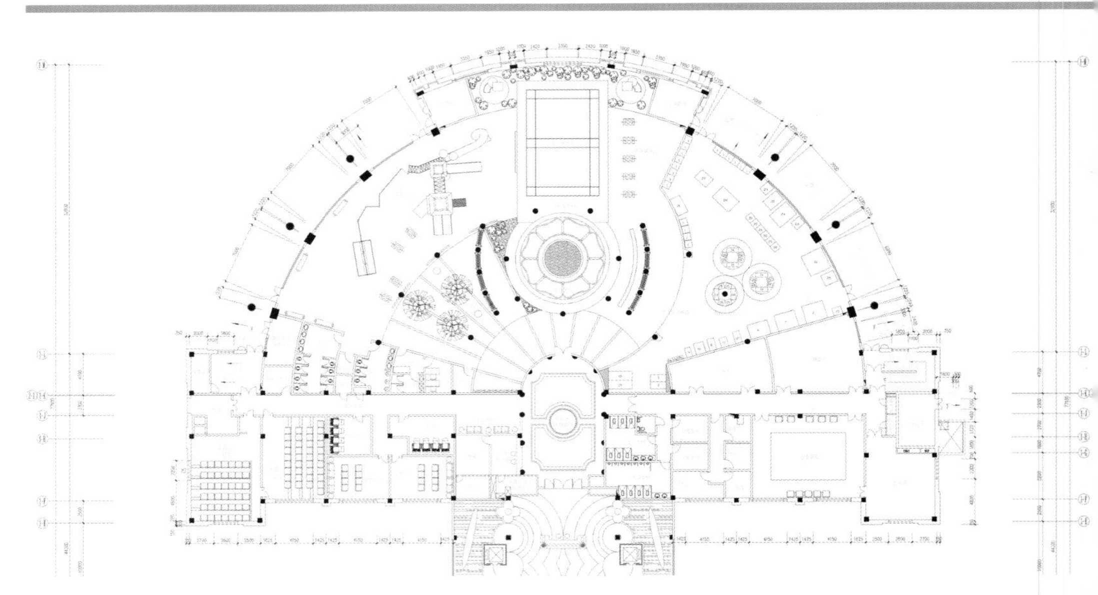

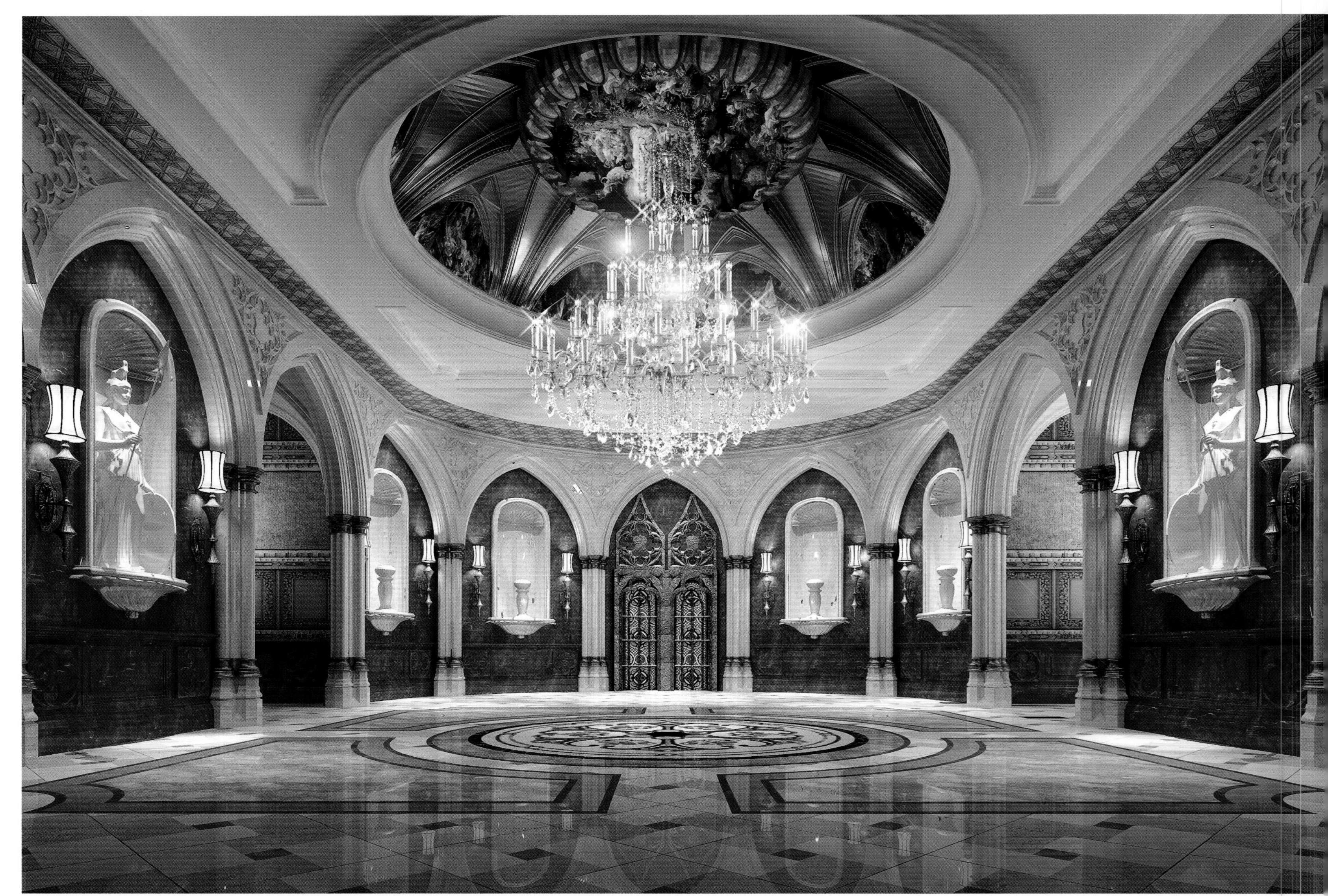

奢华空间

项目位于天津，整体规划分为饮食中心、健身中心、娱乐中心，其中娱乐中心涵盖了儿童欢乐中心、演艺中心、夜总会等娱乐项目。室内采用奢华、富有贵族气质的空间设计，如在儿童欢乐中心，设计师既保留了整体的贵族气质，又在表面采用了更亮丽的颜色，营造出儿童心目中的欢乐城堡氛围，旋转木马、淘气堡、攀岩壁、跆拳道、电子游艺、舞蹈、秋千等一应俱全。在影视部分和演艺部分，空间的震撼给人以无限的想象，在趋于复杂的造型下，保持其整体性的材质转换及色彩统一，无论是精湛的细节处理，还是恢弘的藻井天花，又或者是哥特式的连环拱，无不显示一种“贵”的态度，给人以震撼的体验。

新古典主义

作为人们休闲放松的场所，项目在新古典主义造型语言的基础上设计，突出色彩和光影的表现力，使用丰富的色彩和变幻的灯光营造出雍容华贵、神秘而鬼魅的娱乐空间。造型手法多采用运动的流线型手法；材质与色彩的选择上，应用质感光亮的石材作为地面、墙面及旋转楼梯的主材；色彩以淡黄暖色调为基础，配以局部的冷光源，再辅以造型优雅的配饰；栏杆以少量的金饰点缀，效仿法式或意式歌剧院浮华与夸张的情调，将古典主义造型符号运用到极致。

新兴业态

创意之旅

新兴业态通常以一种多业态混合的方式出现，它的存在主要是因为中国消费者的自我意识在逐渐觉醒，对个性化的需求越来越强，而对同质化商业场所的接受度则越来越低。目前，新兴业态在书店、婚纱店、旅游地产、商业中心等方面都有所发展。

在设计上，这类型的空间对文化氛围的要求较高，大多数的空间追求巧妙而具有意境的布局，功能分区清晰的同时，也希望呈现一种别样的品质。空间的装饰一般主打怀旧、复古、文化、科技等，强调出空间的独特氛围。此外，在材料选择上，新兴业态多倾向于选择一些具有文化质感的材料，如木纹砖、青石板、大理石、铁艺栏杆等。正是借由这些空间元素，新兴业态引领着商业业态的转型，为更多的人带来一场创意的体验之旅！

幸福地标

日本姬路HARMONIE H婚庆广场

项目地点：日本兵库县姬路市
项目面积：1 976.88平方米
设计单位：TAO THONG VILLA Co., Ltd.+ PROCESS5 DESIGN
主要材料：大理石、石灰石、特殊石膏、AEP油漆、刚性PVC薄膜、裸露岩石和灰泥

供　稿：TAO THONG VILLA Co., Ltd.+ PROCESS5 DESIGN
摄　影：TAO THONG VILLA
采　编：谢雪婷

项目位于姬路市历史悠久的城堡小镇上，它特色的外观和内部装饰呼应了该地区久远的历史和其文化遗产的地位。婚礼教堂的设计大气复古，210盏彩色吊灯带来温馨的氛围；以食物为主题的宴会厅令宾客可以更加轻松地享受美食；丰富的装饰画作和雕塑增添空间的艺术气氛。整个空间都在制造欢快和幸福的因子。

品牌定位：项目设计是将日本姬路市位于城堡小镇中央的一栋银行大楼改建成婚庆广场，设计师希望建一座地标建筑，成为这个城市的历史遗产。项目定位是一个浪漫、古典的婚庆场所，名字中的字母H让人联想起许多感受，比如幸福、人性化、和谐，甚至是姬路市，这些词语均以字母H开头，寓意人们之间的和谐相处。

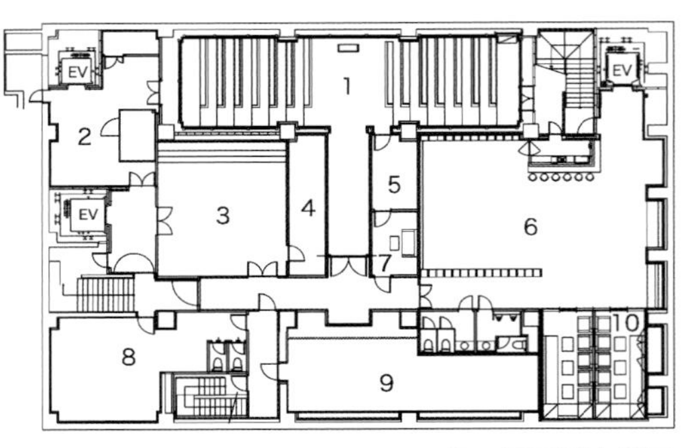

负一层平面布置图

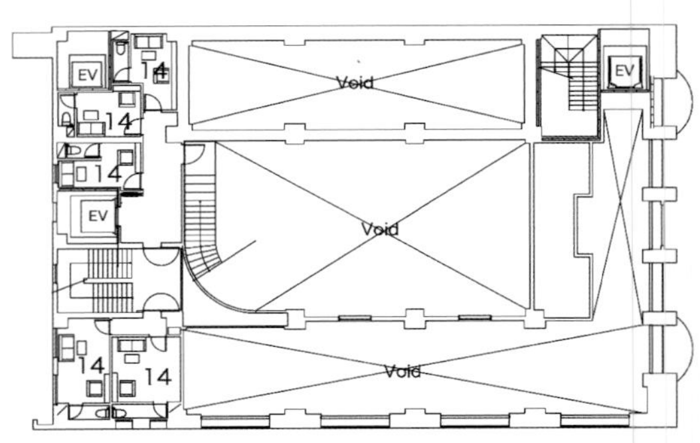

二层平面布置图

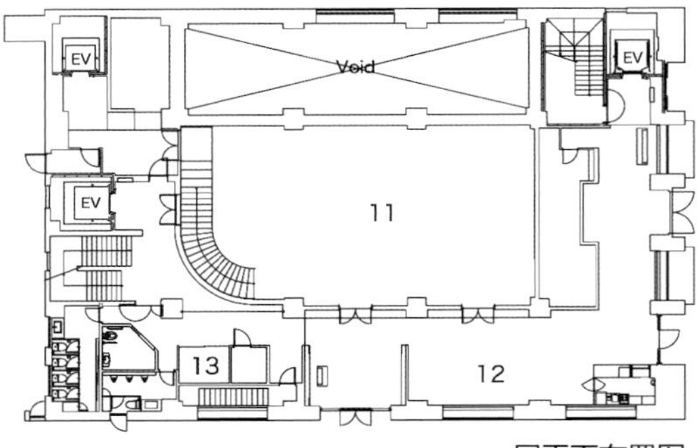

一层平面布置图

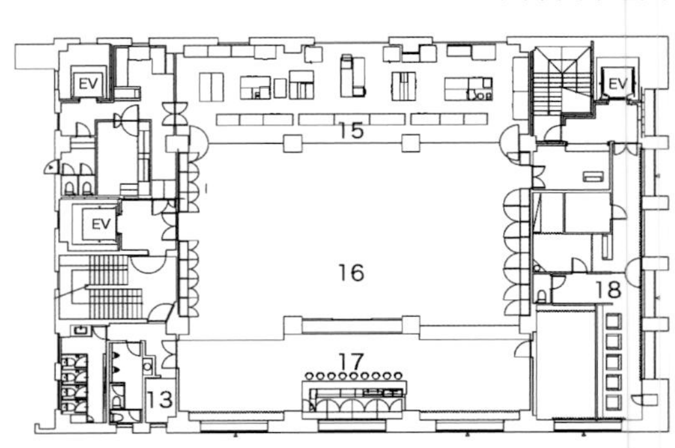

三层平面布置图

1.婚礼教堂
2.员工花房
3.照相馆
4.视频设备室
5.员工天地
6. 门厅
7.等候室
8.职员室
9.婚戒沙龙
10.亲友接待室
11.宴会厅
12.咖啡馆
13.吸烟室
14.新娘房间
15.厨房
16.宴会厅
17. "姬路俱乐部"酒吧
18.美容沙龙

三层布局

项目毗邻姬路车站，它极具历史感和复古美的外观及装饰，使它成为市民最喜爱的建筑之一。它包括了两个宴会厅、一个婚礼教堂和一个休闲空间。一楼和三楼都分布有宴会厅，婚礼教堂是一个九米高的大空间，休闲空间包括了酒吧、咖啡馆、婚戒沙龙、照相馆等处，在各个楼层都有分布。

温馨欢乐的氛围

婚礼教堂从一楼地下室到三楼的楼板都进行了加固，保证了空间结构的安全指数。210盏定制的吊灯悬挂在天花板上，由七种不同颜色的彩色玻璃制成。整个教堂采用体育场的造型设计，被五彩斑斓的灯光包围，空间氛围温馨。

一楼宴会厅的墙上装饰有不同种类的画作，主要是油画。三楼宴会厅的主题与食物有关，比如餐具和火焰，气氛活跃。宴会厅和厨房呈现出开放式规划特征，观众席可以俯瞰整个厨房，宾客隔着玻璃似乎可以闻见美食的芳香。

一楼设置了咖啡厅，供客人们享受整个小镇开放型的轻松氛围。整个婚庆广场装饰有画作和雕塑，出自国内和国外艺术家之手，充满欢快的气氛。

品牌定位：南湖国旅城，室内设计与高科技影像产品跨界合作的设计项目，开创情景体验式旅游消费，以优质、舒适的环境及亲临其境的互动形式，立体展示各地风情文化，让消费者从视觉、触觉、听觉全面感受旅游的“潮”与“乐”。这里除了是一座旅游商城外，更是一座综合性的休闲娱乐场所，设有国际知名品牌店、3D影院、VIP休息室等。

“世界之窗”
广州南湖锦博国旅城

项目地点：广东广州
项目面积：620平方米
设计单位：汤物臣 · 肯文设计事务所
主要材料：中织板焗漆、波纹板、木饰面板、墙纸、铁艺、灰茶镜、灰木纹大理石

供　稿：汤物臣 · 肯文设计事务所
采　编：张兰

项目是新型情景体验式休闲娱乐场所，以高科技技术融入建筑与空间设计中去，与其说这是一座旅游体验商城，不如说是一座微型的“世界之窗”，举步之间，世界各地的旅游风光美景都能让消费者切身领略。

立面设计

独特的外立面设计，是项目的一大看点，设计师抽取了大自然中的“地形脉络”作为创作元素，配合LED灯饰，结合巨幅的全息投影，展示3D虚拟导购员介绍世界旅游景点的生动视频，在夜景中能从外面直接感受到内里的无穷魅力，给消费者最立体最直接的空间体验感。

布局规划

项目共有五层，一层为国际旅游体验区，时尚简约的中空设计就是一个最大的演示空间，三面巨幕环绕着LED荧幕，结合数字灯技术，从地面到墙幕再到中空，上演着一幕幕精彩的立体旅游画面。

二层为省港澳游体验区，以茶花镜做天花，仿真树木做间隔，游历其中，各个特色主题乐园穿梭不断，让人如幻似真。触摸式的互动照相系统，更为你留下穿越时空的快乐瞬间。

三层为国内旅游体验区，以大面积的磨砂玻璃配变幻灯箱画，营造身临其境的奇幻效果，巨型的IPAD装置、移动BOX的视听装置，让体验变得生动而立体。

四层和五层，是VIP接待会所和办公会所，结合消费者的品味，分别设计了不同主题的接待室，专属的服务，贴心的计划，让出行者超前感受到非一般的旅游体验。

南湖国旅商务会所
NanHu Travel Business Club

温泉度假村

古兜温泉
内的温泉是中西合璧：既有唐式、日式，
也有欧陆式，一地两泉，实属罕有！
唐宫九龙池
古兜明星汤

品味美学
广州方所

项目地点：广东广州
项目面积：2 000平方米
设 计 师：毛继鸿、廖美立、又一山人
主要材料：木、竹、铜、铁、石
供　　稿：方所
采　　编：罗曼

项目根据美学生活概念，发展了“植物”系列，空间的构成皆运用纸、铜、竹、石等天然材质，藉由空间设计的巧思，创造各种弧型与方型的连接与对位。制服保留制作精美，从大局到细部，处处充满创新的惊喜，让游客在这里畅游诗意美学生活。

品牌定位：方所是一个非常独特而创新的文化组合，涵盖了书店、美学生活、衣饰设计、展览空间与咖啡。一方面，它是一个“家”，一个让知性与感性得以寄托的据点，另一方面，它是一个多元的发表平台。方所典出于南朝梁代文学家萧统“定是常住，便成方所”，要为懂得文化创造生活的所有人，打造一个内在渴望归属的地方，更要让文化的广州，以至文化的中国，更加茁壮与丰富。

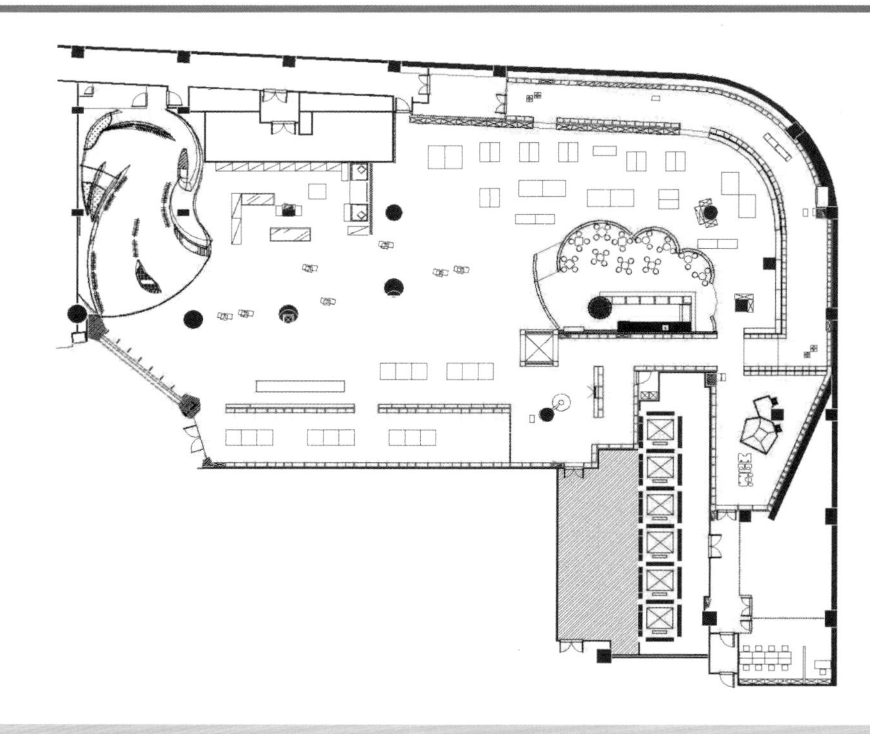

艺术空间

项目位于广东广州太古汇，书店的空间，表现了向时间与空间探索的意涵，融会了欧洲古典图书馆的陈列氛围及当代设计的空间感，以连绵的“阅读的长廊”呈现知识的量体，书柜高达3米，总长超过100米，同时传达知识的“壮阔”与“高远”的意境。

咖啡空间的LOGO是表示说话的冒号，意味着这是一个交流对话、众生喧哗的场所。方所对空间规划所强调的实验性与艺术性也延伸到这里，不论从咖啡豆的选择乃至于对杯盘的讲究，都具体而微的展现项目对美学的追求。由咖啡、杯盘与交谈的声响构成的宁适空间，让人可以在这里神游世界或诗意栖居。

讀詩
Parodies
Den stora gåtan
JONATHAN FRANZEN

天然原料

项目根据美学生活概念，发展了“植物”系列，让蓬勃的绿色，延伸到方所顾客的生活里。为植物选择的器皿多由纸、铜、竹、石等可循环再生的天然物质制作，并致力于传统手工艺的活化，让每一个器皿都朴素而不普通。空间的构成，皆是运用天然材质，藉由空间设计的巧思，创造各种弧型与方型的连接与对位，从而呈现包容的场所个性，表现不均衡中的均衡美感。

细部

从大局到细部，处处充满创新的惊喜：制服的制作精美，上衣以浅灰净色衬衣，下身以稳重的黑色裤子与鞋子为主，搭配围裙，绣有著名诗人周梦蝶的诗作《刹那》。商品包装都有专属的搭配方式，在每一个细节上尽显品质。

典雅艺境

上海墨啡文化吧

项目地点：上海古北
项目面积：290平方米
设计单位：萧氏设计
主要材料：橡木、沙岩板、青石板

供　　稿：萧氏设计
摄　　影：萧爱华
采　　编：方燕

品牌定位：项目作为业主的梦想，希望为顾客提供一个消磨时光、与好友聚会闲聊的地方，在这里可以进行轻松的商务洽谈，也可以带孩子度过愉快的家庭日。整体的设计就是为了营造一个安静、典雅的休闲环境。

项目中加入了古典欧式的元素，但去掉华丽繁复的装饰，只余下令人回味无穷的简洁清雅。主色调为黑白两色，空间装饰也十分简洁，一幅卡通壁画从一楼延伸至三楼，与吊灯相互映衬，给空间带来趣味的同时，增添舒适、沉静的氛围。

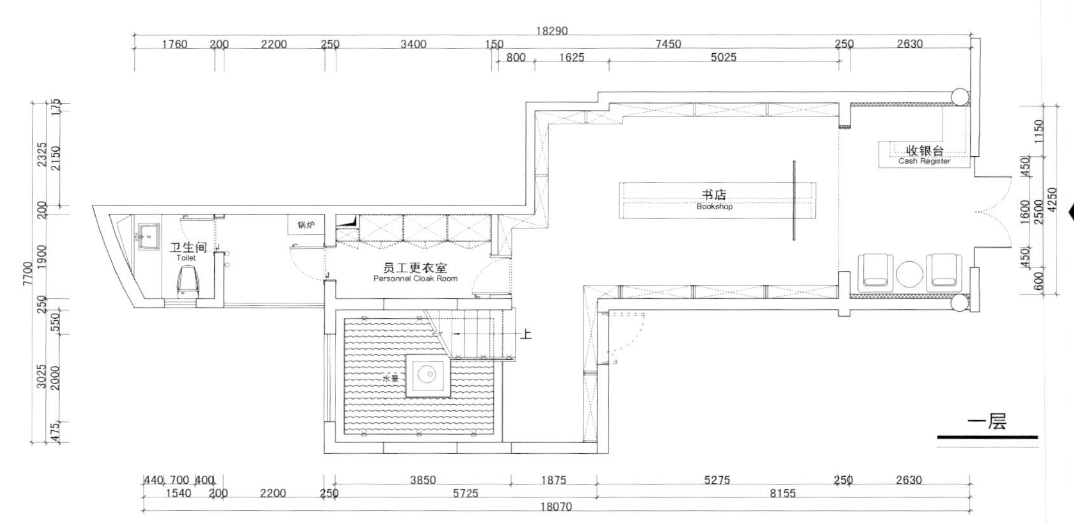

功能布局

项目位于古北广场，周边分布着高档住宅小区，共分为三层。一层为书店，主要经营一些外文、旅游、艺术以及名著等书籍。二层是在整个空间中额外搭建出来的，主要的功能就是亲子活动区域，供儿童游乐，还组织老师教授孩子们琴棋书画。三层主要经营一些商务简餐、咖啡以及茶水。

简约古典装饰

空间的主色调为黑白两色，另外配以大面积墙体彩绘，不失活泼灵动。色彩比例的协调，让人的心灵得到沉静。

一楼书吧里白色柜子搭配灰玻璃屏风，与顶部的造型连贯又呼应。两侧的书架色彩纯粹，这样让琳琅满目的图书更加凸显。走到书店的深处，会听到潺潺流水声，寻声走去，映入眼帘的是一幅大的卡通壁画，从一楼一直延伸到三楼，与楼梯间的吊灯相映成趣。

设计师为三楼的设计加入了一点古典欧式元素，色彩与整体一致，还是以黑白为主。即使没有华丽的装饰，但设计师依然花费了大量的心思。顶部线条的处理手法，以及在大片纯黑色的墙壁上用盘子来装点都显现出设计的独特性。

记忆的港口
上海外滩Sotto Sotto

项目地点：上海黄浦区
项目面积：1 400平方米
设计单位：汉象建筑设计事务所
主要材料：爵士白大理石、不锈钢镀钛板、木板

供　稿：汉象建筑设计事务所
摄　影：PeterDixie
采　编：方燕

项目原是一个旧码头仓库，设计师在尊重建筑的历史上，对项目进行改造，因此保留了许多旧建筑的痕迹，且材料上除了运用原有的材料外，对现代化的材料皆经过做旧与仿古的处理，希望在提供人们一个舒适的休闲与购物环境外，能唤起人们对老上海的记忆。

品牌定位：项目地处黄浦江畔，位于一片老仓库片区，被称为老码头，曾是上海最繁华的货运港口，有着丰厚的历史底蕴。这里汇集奢侈品购物、咖啡休闲、红酒雪茄、艺术品欣赏拍卖等多种业态，结合原创家居品牌，来倡导一种全新的购物体验及家居生活方式。

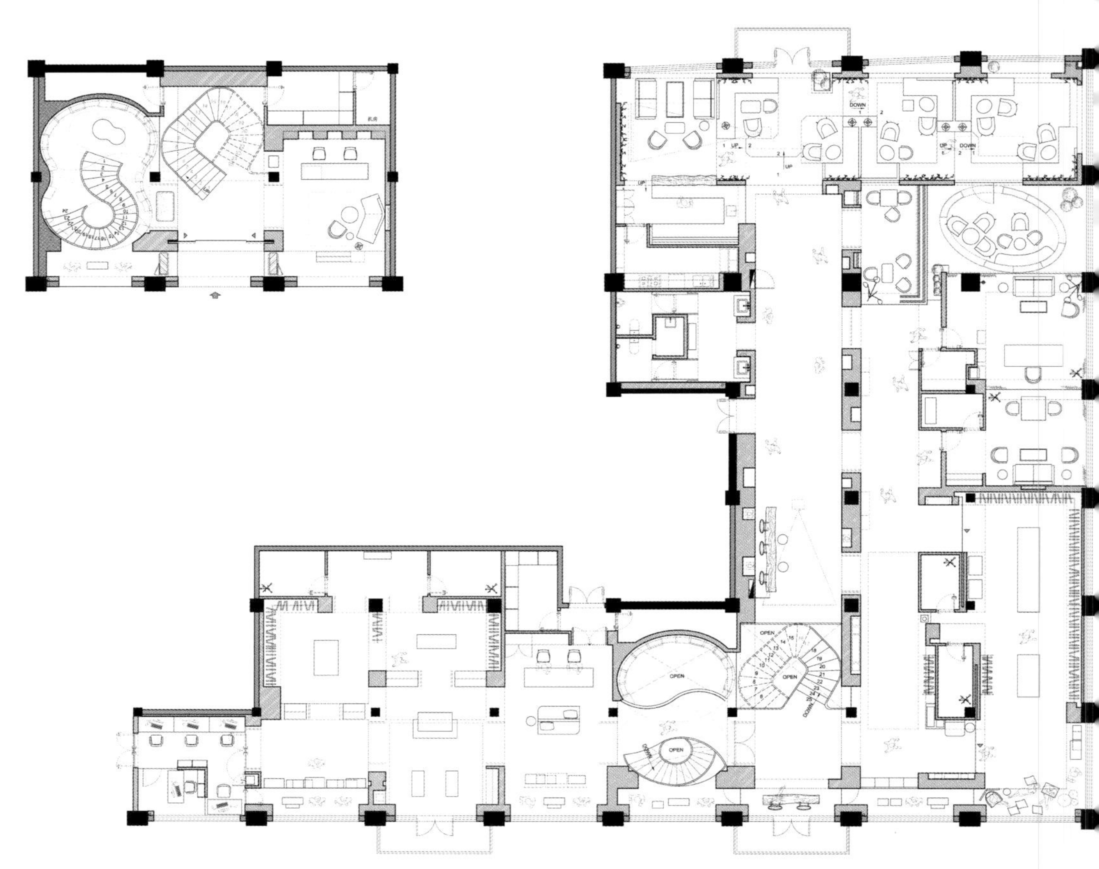

两层布局

项目位于上海外滩，原本为两层结构，且互不相通，所以设计师在店内重新打造了两部楼梯，使上下垂直交通能够方便运转。一层以及二层前半部分的购物区，设计师打造坚强的外表；而二层的后半部分是靠近黄浦江的咖啡区，这个区域设计师采用活植物装饰墙面，为顾客提供一片自然轻松的心灵港湾。

新旧反差

项目原本是一个老仓库，设计中以对老建筑的尊重和保护为前提，将老仓库可识别性的历史感与新的环境结合起来，努力实现城市建筑的可阅读性。所以设计保留了原来的梁柱和墙面，对内部进行重新加固，使建筑产生强烈的新旧反差。

仿古材质

在材料的选择上，设计师收集了许多从老房子内拆旧出来的木板和镀铜的不锈钢材质，并进行对比反差，希望能表达出新旧时代的碰撞。地面采用水磨石和仿古做旧的地板，这种仿古做旧不是传统意义上的染色，而是要展示木材经过风吹日晒所特有的质感。老木板、铜片、梁柱的存在点缀着空间，看到老建筑的记忆，所处时代的记忆。